"新工科建设"教学探索成果·"十三五"规划教材

微积分同步练习与提高

（一）

余琛妍　李莎莎　涂黎晖　主编

王聚丰　孙海娜　翁云杰　副主编

苏德矿　主审

电子工业出版社

Publishing House of Electronics Industry

北京·BEIJING

内 容 简 介

本书是与《微积分学（第二版）》上册（高等教育出版社，2013，ISBN 9787040374582）配套的同步练习与提高，内容包括：函数与极限、导数与微分、微分学基本定理与导数的应用、不定积分、定积分及其应用、一元微积分学的补充应用和无穷级数。

本书按章节编写了与教材内容相对应的基础练习题，并在题目之后留了相应的解题空间，以便学生可以随时书写解题步骤，同时也利于教师的批阅。通过同步基础练习题的训练，希望学生能更好地掌握每一章节的内容和重点、难点；本书每个章节还设有综合提高练习题，使部分学有余力的学生可以进一步尝试，开阔解题思路，提高自身解题能力，达到分层次教学的目的；最后，本书收录了微积分课程的期中、期末考试样卷，旨在让学生了解试卷类型和知识分布，帮助学生取得理想的成绩。

图书在版编目（CIP）数据

微积分同步练习与提高. 一 / 余琛妍，李莎莎，涂黎晖主编. —北京：电子工业出版社，2018.2

ISBN 978-7-121-31975-4

I. ①微⋯ II. ①余⋯ ②李⋯ ③涂⋯ III. ①微积分－高等学校－教学参考资料 IV. ①O172

中国版本图书馆 CIP 数据核字（2017）第 139779 号

策划编辑：章海涛

责任编辑：章海涛   文字编辑：刘 瑀

印　　刷：三河市鑫金马印装有限公司

装　　订：三河市鑫金马印装有限公司

出版发行：电子工业出版社

　　　　　北京市海淀区万寿路 173 信箱　　邮编：100036

开　　本：787×1092　1/16　印张：22.25　字数：273 千字

版　　次：2018 年 2 月第 1 版

印　　次：2025 年 7 月第 8 次印刷

定　　价：30.00 元

凡所购买电子工业出版社图书有缺损问题，请向购买书店调换。若书店售缺，请与本社发行部联系，联系及邮购电话：(010)88254888，88258888。

质量投诉请发邮件至 zlts@phei.com.cn，盗版侵权举报请发邮件至 dbqq@phei.com.cn。

本书咨询联系方式：192910558（QQ 群）。

前　　言

　　微积分是高等学校工科类专业和经管类专业的一门重要的数学基础课。能否用数学的思维、方法去思考、推理及定量分析一些自然现象和经济现象，是衡量民族科学文化素质的重要标志，提高数学素养在培养高素质人才中有着不可替代的重要作用。

　　本书是与高等教育出版社出版的《微积分学》（上册）（蔡燧林　吴正昌　孙海娜　编著）相配套的学习辅导用书，主要面向使用该教材的学生，也可供使用该教材的教师参考。本书分成三大部分：第一部分为基础题，根据《微积分学》的章节顺序和教学进度，选出适量的习题并留有解题空间，可作为作业供学生练习，同时也为老师批阅和学生复习提供了方便；第二部分为提高题，在原有的习题难度基础上，结合教材内容和考研大纲筛选出具有一定综合性的习题，并给出了详细的解题思路和解答过程，有的还提供了多种解法，该部分可作为学有余力的学生提高数学解题能力的参考题；第三部分为期中、期末样卷，可供学生复习备考使用。

　　本书的编写自始至终得到了浙江大学宁波理工学院领导的支持和关怀，数学组全体老师对各章节习题进行了筛选、演算和校正，并提出了很多宝贵的意见，编者在此一并向他们表示衷心的感谢。

　　高等教育出版社出版的《微积分学》（上册）在浙江大学宁波理工学院和其他一些院校已经使用十多年，编写与该教材配套的用书是我们多年的心愿，现将长期教学实践积累的点滴写出来，为数学课程的学习带来更多的方便。由于我们对编写此类书缺乏经验，水平有限，书中难免存在不足之处，恳请同行和读者批评指正。

编　者

浙江大学宁波理工学院

目　录

第1章 函数

1.1　函数概念

1. 求 $f(x)$。

（1）已知 $f(x^2)=\dfrac{1}{x}$ $(x<0)$；

（2）已知 $f\left(x+\dfrac{1}{x}\right)=x^2+\dfrac{1}{x^2}$ $(x\neq 0)$；

（3）已知 $f(\sin^2 x)=\cos 2x+\tan^2 x$；

（4）已知 $f(2+\cos x)=\sin^2 x+\tan^2 x$。

2. 求 $y=\sqrt{\lg\left(5x-4x^2\right)}$ 的定义域。

3. 设函数 $y=y(x)$ 由方程 $x^2-\arcsin y=\pi$ 所确定，求 $y=y(x)$ 的定义域。

1.2 函数的几种特性

4. 设 $f(x)$ 的定义域为 $(-a,a)(a>0)$，问下列函数的奇偶性。

（1） $\varphi(x)=f(x)+f(-x)$；

（2） $\varphi(x)=f(x)-f(-x)$。

5. 设 $f(x)$ 与 $g(x)$ 分别是定义在 $(-\infty, \infty)$ 上的严格单调增函数与严格单调减函数，试讨论下列函数在 $(-\infty, \infty)$ 上的单调性。

（1）$f(g(x))$；　　　（2）$g(f(x))$；　　　（3）$f(f(x))$；

（4）$g(g(x))$；　　　（5）$f(x)g(x)$；　　　（6）$(f(x))^2$；

（7）$(g(x))^2$。

6. 设常数 δ 满足 $0 < \delta < 1$，讨论函数 $f(x) = \dfrac{1}{x}$：

（1）在区间 $(0,1)$ 内的有界性；

（2）在区间 $[\delta, 1)$ 内的有界性。

1.3　反函数与复合函数

7．求下列函数的反函数 $x=\varphi(y)$，并注明反函数的定义域。

（1）$y=\dfrac{1}{2}\left(\mathrm{e}^{x}-\mathrm{e}^{-x}\right)\ (-\infty<x<+\infty)$；

（2）$y=\begin{cases}\mathrm{e}^{x},-\infty<x\leqslant0\\ -\dfrac{1}{x},0<x<+\infty\end{cases}$。

1.4　基本初等函数与初等函数

8．求下列函数值：

（1）$\arcsin\left(-\dfrac{\sqrt{2}}{2}\right)$；

（2）$\arccos\left(-\dfrac{1}{2}\right)$；

（3） $\arcsin\left(\sin\dfrac{3\pi}{2}\right)$；

（4） $\arctan\left(\tan\dfrac{5\pi}{4}\right)$；

（5） $\arcsin\left(\cos\dfrac{4\pi}{7}\right)$；

（6） $\sin\left[\arccos\left(-\dfrac{5}{13}\right)\right]$。

第 2 章 极限与连续

2.1 数列的极限

1. 设等腰直角三角形 ABC 的斜边 $AB = 2$，将斜边分成 $2n$ 等份，作内接台阶形（如图 2-1 所示）。求台阶形面积 A_n，并求出 $\lim\limits_{n\to\infty} A_n$ 是多少？

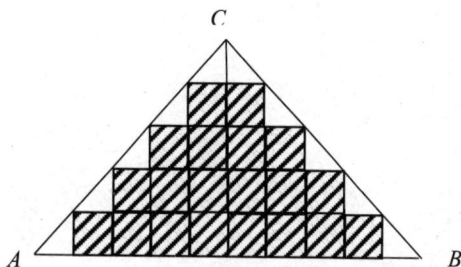

图 2-1

2. 设数列 $\{u_n\}$ 的通项 u_n 如下，指出它们是否收敛？若收敛，求出其极限是多少？

（1）$u_n = \dfrac{1}{2^n}$；　　（2）$u_n = \dfrac{n-1}{n+1}$；　　（3）$u_n = n(-1)^n$；

（4）$u_n = \dfrac{1}{n}\cos\dfrac{n\pi}{2}$；　　（5）$u_n = \dfrac{1}{3} + \dfrac{1}{3^2} + \cdots + \dfrac{1}{3^n}$。

2.2 函数的极限

3. 指出下列极限是否存在，若存在，则求出其极限值：

（1）$\lim\limits_{x \to +\infty} e^{-x}$；

（2）$\lim\limits_{x \to 0} \sin \dfrac{1}{x}$；

（3）$\lim\limits_{x \to 0^-} [x]$；

（4）$\lim\limits_{x \to \infty} x \sin x$；

（5）$\lim\limits_{x \to 0^-} e^{\frac{1}{x}}$；

（6）$\lim\limits_{x \to \infty} e^{\frac{1}{x}}$。

4. 设 $f(x)$ 如下，指出 $\lim\limits_{x \to 0} f(x)$ 是否存在，若存在，则求出该极限值：

（1）$f(x) = \arctan \dfrac{1}{x}$；

（2）$f(x) = \begin{cases} e^{-\frac{1}{x}}, & x > 0 \\ \sin x, & x < 0 \end{cases}$。

2.3　无穷大与无穷小

5. 指出下列各题中，哪个是无穷小，哪个是无穷大；哪个既不是无穷小，也不是无穷大。

（1）当 $x \to 0$ 时　$\tan x$；

（2）当 $x \to \dfrac{\pi}{2}$ 时　$\tan x$；

（3）当 $x \to 0$ 时　$\sqrt[3]{x}\sin\dfrac{1}{x}$；

（4）当 $x \to \infty$ 时　$x\cos x$；

（5）当 $x \to 0$ 时　$\dfrac{1}{1-\cos x}$；

（6）当 $x \to 0$ 时　$\dfrac{1}{\ln|x|}$。

2.4　极限的运算

6. 求下列极限:

（1）$\lim\limits_{x \to 1} \dfrac{\cos \pi x}{x+2}$；

（2）$\lim\limits_{x \to \infty} \dfrac{\sin x}{x^2+1}$；

（3）$\lim\limits_{x \to 1} \dfrac{x-1}{\tan \dfrac{\pi}{2} x}$；

（4）$\lim\limits_{x \to 0} \dfrac{\sin x+1}{e^x-1}$

7. 求下列极限:

(1) $\lim\limits_{x\to 1}\left(\dfrac{1}{x-1}-\dfrac{3}{x^3-1}\right)$;

(2) $\lim\limits_{x\to a}\dfrac{x^2-(a+1)x+a}{x^2-a^2}\ (a\neq 0)$;

(3) $\lim\limits_{x\to\infty}\dfrac{3x^2+2}{1-4x^2}$;

(4) $\lim\limits_{x\to\infty}\dfrac{3x^2+2}{1-4x^3}$;

(5) $\lim\limits_{x\to\infty}\dfrac{3x^3+2}{1-4x^2}$;

（6） $\lim\limits_{x \to +\infty} \dfrac{(x-1)^{30}(2x+3)^{70}}{(2x+1)^{100}}$;

（7） $\lim\limits_{x \to -\infty} \left(\sqrt{x^2+x+1} + x \right)$;

（8） $\lim\limits_{x \to +\infty} \dfrac{\sqrt{4x^2+x+1}-x-1}{\sqrt{x^2+\sin x}}$ 。

2.5　判别极限存在的两个重要准则、两个重要极限

8. 取"1"，"0"，"∞"，"不存在但也不是无穷"中适当的填入下列空格。

（1） $\lim\limits_{x \to \infty} x \sin \dfrac{1}{x} =$ _____ ;

（2） $\lim\limits_{x \to 0} x \sin \dfrac{1}{x} =$ _____ ;

（3） $\lim\limits_{x \to \infty} x^2 \sin \dfrac{1}{x} =$ _____ ;

（4） $\lim\limits_{x \to 0} \dfrac{1}{x} \sin \dfrac{1}{x} =$ _____ ;

9．求下列极限：

（1） $\lim\limits_{x \to \pi} \dfrac{\sin x}{\pi^2 - x^2}$ ；

（2） $\lim\limits_{x \to \infty} \dfrac{3x^2 + 5}{5x + 3} \sin \dfrac{1}{x}$ ；

（3） $\lim\limits_{x \to 0} (1 - x)^{\frac{1}{x}}$ ；

（4） $\lim\limits_{x \to \infty} \left(1 + \dfrac{2}{x}\right)^{2x}$ ；

（5） $\lim\limits_{x \to \infty} \left(\dfrac{x + a}{x - a}\right)^x \ (a \neq 0)$ ；

（6）$\lim\limits_{x\to 0}\left(\dfrac{x+a}{2x+a}\right)^{\frac{1}{x}}(a\neq 0)$。

2.6 无穷小的比较

10．求下列极限：

（1）$\lim\limits_{x\to 0}\dfrac{\arcsin 2x}{\ln(1-x)}$；

（2）$\lim\limits_{x\to 0}\left(\dfrac{1}{\ln(1+x)}+\dfrac{1}{\ln(1-x)}\right)$；

（3）$\lim\limits_{x\to-\infty}\dfrac{\ln(1+3^{x})}{\ln(1+2^{x})}$；

（4） $\lim\limits_{x\to 0}\left(\dfrac{1+e^x}{2}\right)^{\frac{1}{x}}$；

（5） $\lim\limits_{x\to 0}\dfrac{(1+x)^x-1}{x^2}$；

（6） $\lim\limits_{x\to 0}\dfrac{\sqrt{1+\tan x}-\sqrt{1+\sin x}}{x^3}$；

（7） $\lim\limits_{x\to 0}\dfrac{1-\sqrt{\cos x}}{x^2}$。

11．设当 $x\to 0$ 时，下述各对是等价无穷小。试指出其中的常数 A 与 k 各是多少？
（1） $\tan x-\sin x\sim Ax^k$；

（2）$x^3 + 2x^4 \sim Ax^k$；

（3）$\ln\left(2 - \cos^2 x\right) \sim Ax^k$。

2.7　函数的连续性

12．求函数 $f(x) = \dfrac{1}{1 - e^{\frac{x}{x-1}}}$ 的间断点，并指出其类型。

13．求常数 a 和 b，使

$$f(x) = \begin{cases} \dfrac{\sqrt{1-ax}-1}{x}, & x < 0 \\[2mm] ax+b, & 0 \leqslant x \leqslant 1 \\[2mm] \arctan\dfrac{1}{x-1}, & x > 1 \end{cases}$$

在它的定义区间上连续。

14．设 $f(x)$ 在闭区间 $[0,1]$ 上连续，$f(0)=0$，$f(1)=1$。证明：至少存在一个 $\xi \in (0,1)$ 使 $f(\xi)=1-\xi$。

第 3 章 导数与微分

3.1 导数的概念

1. 求 $f(x)=\begin{cases} x^2\cos\dfrac{1}{x}+\sin x, & x\neq 0 \\ 0, & x=0 \end{cases}$ 在 $x=0$ 处的导数 $f'(0)$。

2. 求 $f(x)=\begin{cases} \dfrac{\mathrm{e}^{x^2}-1}{x}+\sqrt[3]{1+x}, & x\neq 0 \\ 1, & x=0 \end{cases}$ 在 $x=0$ 处的导数 $f'(0)$。

3. 设 $f(x)=\begin{cases} x^2\sin\dfrac{1}{x}+\mathrm{e}^{2x}, & x>0 \\ ax+b, & x\leq 0 \end{cases}$ ，求常数 a 与 b ，使 $f(x)$ 在 $x=0$ 处连续并可导。

4. 利用导数定义，求下列各极限：

（1）设 $f'(x_0)$ 存在，求 $\lim\limits_{h \to 0} \dfrac{f(x_0+h)-f(x_0-h)}{h}$；

（2）设 $f'(0)$ 存在，$f(0)=0$，求 $\lim\limits_{h \to 0} \dfrac{f(1-e^h)}{h}$；

（3）设 $f'(x_0)$ 存在，$f(x_0) \neq 0$，求 $\lim\limits_{h \to 0} \left(\dfrac{f(x_0+h)}{f(x_0)} \right)^{\frac{1}{h}}$。

5. 在曲线 $y = \ln x$ 上找点 (x_0, y_0)，使过此点的切线经过原点，并求此切线方程。

3.2 导数的四则运算、反函数与复合函数的导数

6. 求下列函数的导数：

（1）$y = \dfrac{x^3 - 4x^2 + x + 2}{3x^2}$；

（2）$y = x^2 \sin x + 2x \tan x - \cos \dfrac{\pi}{4}$；

（3）$y = x^2 \mathrm{e}^x - x \mathrm{e}^x$；

（4）$y = \dfrac{\cos x}{3x^2 + 4}$；

（5）$y = x \arcsin x$;

（6）$y = x^2 \arctan x + \tan x$ 。

7．求下列函数的导数:

（1）$y = \left(7x^3 + 2x - 1\right)^4$;

（2）$y = \dfrac{3x-1}{\left(x^2 - x + 1\right)^{10}}$;

（3）$y = \dfrac{1}{\sqrt{x^2 + 2x + 3}}$;

（4） $y = \sqrt{\sin x} + \sin \sqrt{x}$ ；

（5） $y = \sqrt{1 + 3\cos^2 4x}$ ；

（6） $y = \dfrac{\sin x}{\cos^3 x}$ ；

（7） $y = x\sec^2 x - \tan 2x$ ；

（8） $y = e^{e^x} + e^{x^e} + x^{e^e}$ ；

（9）$y = \ln\left(x + \sqrt{x^2 + 1}\right)$；

（10）$y = \ln \tan \dfrac{x}{2}$；

（11）$y = \left(\dfrac{1 - \cos x}{1 + \cos x}\right)^3$；

（12）$y = \arcsin \dfrac{x}{\sqrt{a^2 + x^2}}\ (a > 0)$；

（13）$y = \mathrm{e}^x \sqrt{1 - \mathrm{e}^{2x}} + \arcsin \mathrm{e}^x$；

（14）$y = x\left(\cos \ln x + \sin \ln x\right)$；

（15）$y = x \arctan x - \dfrac{1}{2}\ln\left(1 + x^2\right)$；

（16）$y = \dfrac{e^{2x}}{1 + 2x}$；

（17）$y = x \arccos x - \sqrt{1 - x^2}$；

（18）$y = \dfrac{1}{2}\arctan\left(\dfrac{1}{2}\tan\dfrac{x}{2}\right)$。

3.3　高阶导数

8．求下列函数的一阶与二阶导数：

（1）$y = x\ln(1-x^2)$；

（2）$y = \arcsin\sqrt{x}$。

9．设 $f(u)$ 二阶可导，求下列各函数的 $\dfrac{\mathrm{d}y}{\mathrm{d}x}$ 与 $\dfrac{\mathrm{d}^2y}{\mathrm{d}x^2}$：

（1）$y = f(\sin^2 3x)$；

（2）$y = \mathrm{e}^{f(2x)}$。

10．求下列函数的 n 阶导数：

（1）$f(x) = \dfrac{1}{x^2 - 2x - 3}$ ；

（2）$f(x) = x^2 \sin 2x$ 。

3.4　隐函数求导法

11．求由下列方程确定的函数 $y = y(x)$ 的指定阶的导数或在指定处的导数：

（1）$x^2 + xy + y^3 = 1, \dfrac{\mathrm{d}y}{\mathrm{d}x}$ ；

（2）$y \sin x - \cos(x + y) = 0, \dfrac{\mathrm{d}y}{\mathrm{d}x}$ ；

（3）$y^3 = 7 + e^{xy}$，$\left.\dfrac{dy}{dx}\right|_{x=0}$，$\left.\dfrac{d^2 y}{dx^2}\right|_{x=0}$。

12．求下列函数的一阶导数：

（1）$y = \ln\left(\sqrt[3]{x(x+1)\big/x^2+1}\right)$；

（2）$y = \left(1 + \dfrac{1}{x}\right)^x$；

（3）$y = \dfrac{\sqrt{x+2}\,(3-x)^4}{(x+1)^5}$；

（4）$y = x^x + x^{\frac{1}{x}}$。

3.5　函数的微分

13．利用微分运算法则及微分形式不变性，求下列函数的微分：

（1）$y = \arcsin \dfrac{1}{x}$；

（2）$y = \ln^2 (1 + \cos 2x)$；

（3）$y = \left(\dfrac{\sin x}{1 + \cos x} \right)^2$；

（4）$y = x^{\sin x}$。

14. 利用微分运算法则及微分形式不变性，求由下列方程确定的函数 $y = y(x)$ 的 $\mathrm{d}y$ 及 $\dfrac{\mathrm{d}y}{\mathrm{d}x}$：

（1）$x^3 + y^3 - 3axy = 1$；

（2）$xy = \mathrm{e}^{x+y}$。

第 4 章 微分学的基本定理与导数的应用

4.1 微分学中值定理

1. 设方程 $a_0 x^n + a_1 x^{n-1} + \cdots + a_{n-1} x = 0$ 有正根 x_0，证明：方程 $a_0 n x^{n-1} + a_1 (n-1) x^{n-2} + \cdots + a_{n-1} = 0$ 在区间 $(0, x_0)$ 内必有实根。

2. 设 $f(x)$ 在 (a,b) 内二阶可导，且 $f(x_1) = f(x_2) = f(x_3)$，其中 $a < x_1 < x_2 < x_3 < b$。证明：在 (x_1, x_3) 内至少存在一点 ξ，使得 $f''(\xi)=0$。

3. 设 n 为正整数,证明:方程 $x^n + nx - 1 = 0$ 在 $x > 0$ 处有且仅有一个根。

4.2 洛必达法则

4. 求下列极限:

（1） $\lim\limits_{x \to 0} \dfrac{e^x - e^{-x}}{\sin x}$;

（2） $\lim\limits_{x \to 0} \dfrac{e^x - x - \cos x}{x^2}$;

（3）$\lim\limits_{x\to 0}\dfrac{\sqrt{1+x}+\sqrt{1-x}-2}{x^2}$;

（4）$\lim\limits_{x\to 0}\dfrac{\tan x - x}{x^2\sin x}$;

（5）$\lim\limits_{x\to 0}\left(\dfrac{1}{x}-\dfrac{1}{\mathrm{e}^x-1}\right)$;

（6）$\lim\limits_{x\to 0+}x^x$;

（7）$\lim\limits_{x\to 0}\left(\dfrac{\ln(1+x)}{x^2}-\dfrac{1}{x}\right)$。

4.3　函数的单调性与极值、最大值、最小值及不等式问题

5．讨论下列函数的单调递增、减小的区间：

（1）$y = x\sqrt{x+3}$ ；

（2）$y = x - \ln(1+x)$ ；

（3）$y = x^2 - \dfrac{2}{x}$ 。

6．求下列函数的极值点和极值：

（1）$y = x + e^{-x}$ ；

（2）$y = xe^{-x}$ ；

（3）$y = x + \dfrac{1}{x}$。

7. 求函数 $f(x) = x^4 - 8x^2 + 3$ 在闭区间 $[-2, 2]$ 上的最大值与最小值。

8. 证明下列不等式：

（1）当 $x > 0$ 时，$1 + \dfrac{1}{2}x > \sqrt{1+x}$；

（2）当 $x < 2$ 时，$(2x-3)\ln(2-x) - x + 1 \leqslant 0$；

（3）当 $e < a < x < e^2$ 时，$\ln^2 x - \ln^2 a > \dfrac{4}{e^2}(x-a)$。

4.4 曲线的凹向、渐近线与函数图形的描绘

9. 讨论下列曲线的凹向并求拐点：

（1）$y = x^3 - 5x^2 + 8x$；

（2）$y = x^2 + \dfrac{1}{x}$。

10. 已知点 $(1,3)$ 是曲线 $y = ax^3 + bx^2$ 的拐点，求常数 a 与 b，并求该曲线的凹凸区间。

11. 求下列曲线的渐近线：

（1）$y = \dfrac{\mathrm{e}^{x^2}+1}{\mathrm{e}^{x^2}-1}$；

（2）$y = \mathrm{e}^{-\frac{1}{x^2}} \arctan \dfrac{(x-1)(x-2)}{(x-3)(x-4)}$

4.5　泰勒定理

12. 求极限：

（1）$\displaystyle\lim_{x\to 0} \dfrac{1 + \dfrac{1}{2}x^2 - \sqrt{1+x^2}}{\left(\cos x - \mathrm{e}^{x^2}\right)\sin x^2}$；

（2）$\lim\limits_{x\to 0}\dfrac{\mathrm{e}^x\sin x - x(1+x)}{x^3}$。

第 5 章 不定积分

5.1 不定积分的概念与性质

1. 求下列不定积分：

（1）$\int \sqrt{x}\left(x^2 - \dfrac{2}{\sqrt{x}} + \dfrac{1}{\sqrt[3]{x}} \right)\mathrm{d}x$；

（2）$\int \dfrac{1}{x^2\left(1+x^2\right)}\mathrm{d}x$；

（3）$\int \dfrac{\mathrm{e}^{2x}-1}{\mathrm{e}^{x}+1}\mathrm{d}x$；

（4）$\displaystyle\int \tan^2 x\,\mathrm{d}x$；

（5）$\displaystyle\int \frac{\cos 2x}{\cos x-\sin x}\,\mathrm{d}x$；

（6）$\displaystyle\int \frac{2}{1+\cos 2x}\,\mathrm{d}x$；

（7）$\displaystyle\int \cos^2 \frac{x}{2}\,\mathrm{d}x$；

（8）$\int \dfrac{2-x^4}{1+x^2}\mathrm{d}x$。

2. 曲线 $y=f(x)$ 过点 $(2,4)$，且该曲线上任意点 x 处的切线斜率为 $8-2x$。求该曲线方程。

3. 设 $f(x)=\begin{cases} \mathrm{e}^x, & x\leqslant 0 \\ \cos x, & x>0 \end{cases}$，求 $\int f(x)\mathrm{d}x$。

5.2　几种基本的积分方法

4．用凑微分求积分法求下列不定积分：

（1）$\displaystyle\int \frac{1}{\sqrt{9-4x^2}}\,\mathrm{d}x$ ；

（2）$\displaystyle\int \sec^2(2x-1)\,\mathrm{d}x$ ；

（3）$\displaystyle\int \frac{x}{9-4x^2}\,\mathrm{d}x$ ；

（4）$\displaystyle\int \frac{x}{\sqrt{9-4x^2}}\,\mathrm{d}x$ ；

（5）$\int \cos^3 x \mathrm{d}x$；

（6）$\int \sec^2 x \tan x \mathrm{d}x$；

（7）$\int \dfrac{1}{x \ln x} \mathrm{d}x$；

（8）$\int \dfrac{\left(1+\sqrt{1-x^2}\right)^2}{1-x^2} \mathrm{d}x$；

（9）$\int \dfrac{\mathrm{e}^{2x}}{1+\mathrm{e}^{2x}} \mathrm{d}x$；

（10）$\int \dfrac{1}{1+e^{2x}}dx$;

（11）$\int \dfrac{\arcsin x}{\sqrt{1-x^2}}dx$;

（12）$\int \dfrac{dx}{\arcsin x \cdot \sqrt{1-x^2}}$;

（13）$\int \dfrac{x^3}{1+x^4}dx$;

（14）$\displaystyle\int \frac{x}{1+x^4}\mathrm{d}x$;

（15）$\displaystyle\int \frac{1}{x^2}\sin\frac{1}{x}\mathrm{d}x$;

（16）$\displaystyle\int \frac{\mathrm{e}^{\sqrt{x}}}{\sqrt{x}}\mathrm{d}x$;

（17）$\displaystyle\int \frac{1}{x^2-2x+2}\mathrm{d}x$;

（18）$\int \dfrac{\sin x}{\cos^3 x}\mathrm{d}x$；

（19）$\int \dfrac{\sin x \cos x}{1+\sin^2 x}\mathrm{d}x$；

（20）$\int \dfrac{1}{\sqrt{x}\left(1+x\right)}\mathrm{d}x$。

5．利用变量变换法求下列不定积分：

（1）$\int x\sqrt{x-4}\,\mathrm{d}x$；

（2）$\int x\left(x+1\right)^{100}\mathrm{d}x$；

（3）$\int \dfrac{\mathrm{d}x}{\sqrt{x}-\sqrt[3]{x}}$;

（4）$\int \sqrt{4-x^2}\,\mathrm{d}x$;

（5）$\int \dfrac{\mathrm{d}x}{\sqrt{1+4x^2}}$;

（6）$\int \dfrac{\mathrm{d}x}{x\sqrt{4x^2-9}}$;

（7）$\int \dfrac{\mathrm{e}^{2x}\mathrm{d}x}{\sqrt{\mathrm{e}^x+1}}$;

（8） $\displaystyle\int \frac{\mathrm{d}x}{1+\sqrt{1-x^2}}$ 。

6．利用分部积分法求下列不定积分：

（1） $\displaystyle\int x\cos 2x\,\mathrm{d}x$ ；

（2） $\displaystyle\int x^2 \mathrm{e}^{-x}\,\mathrm{d}x$ ；

（3） $\displaystyle\int \arctan x\,\mathrm{d}x$ ；

（4） $\displaystyle\int \ln\left(1+x^2\right)\mathrm{d}x$ ；

（5）$\int \sec^3 x\, \mathrm{d}x$；

（6）$\int x \sin^2 x\, \mathrm{d}x$；

（7）$\int x^3 \mathrm{e}^{x^2}\, \mathrm{d}x$；

（8）$\int \dfrac{x\mathrm{e}^x}{\left(\mathrm{e}^x+1\right)^2}\, \mathrm{d}x$。

5.3 几种典型类型的积分举例

7. 求下列一些典型的不定积分：

（1）$\displaystyle\int \frac{\mathrm{d}x}{x^2+2x-15}$ ；

（2）$\displaystyle\int \frac{8x-13}{x^2+2x+5}\mathrm{d}x$ ；

（3）$\displaystyle\int \frac{x^2}{1-x^4}\mathrm{d}x$ ；

（4）$\displaystyle\int \frac{x}{\sqrt{2x+x^2}}\mathrm{d}x$ ；

（5）$\int x\sqrt{4x-x^2}\,\mathrm{d}x$；

（6）$\int\dfrac{\mathrm{d}x}{1+\sin x}$。

8. 设 $x>0$ 时，$\dfrac{\mathrm{e}^{-x}}{x}$ 是 $f(x)$ 的一个原函数，求 $\int xf''(x)\mathrm{d}x\,(x>0)$。

第 6 章 定积分及其应用

6.1 定积分的概念

1. 利用定积分的性质，比较下列各对定积分的值的大小，将"＞"或"＜"填入下列各对积分中间的空格。

（1）$\int_0^1 x^2 \mathrm{d}x \quad \int_0^1 x^3 \mathrm{d}x$ ；

（2）$\int_1^2 x^2 \mathrm{d}x \quad \int_1^2 x^3 \mathrm{d}x$ ；

（3）$\int_1^e \ln x \mathrm{d}x \quad \int_1^e (\ln x)^2 \mathrm{d}x$ ；

（4）$\int_0^{\frac{\pi}{4}} \sin x \mathrm{d}x \quad \int_0^{\frac{\pi}{4}} \sin 2x \mathrm{d}x$ ；

（5）$\int_0^1 \ln(x+1) \mathrm{d}x \quad \int_0^1 x \mathrm{d}x$ ；

（6）$\int_0^1 (e^x - 1) \mathrm{d}x \quad \int_0^1 x \mathrm{d}x$ 。

6.2 定积分的性质及微积分学基本定理

2. 计算下列定积分：

（1）$\int_{-\frac{1}{2}}^{\frac{\sqrt{2}}{2}} \frac{\mathrm{d}x}{\sqrt{1-x^2}}$ ；

（2）$\int_{-2}^{-1} \frac{\mathrm{d}x}{x^3+x}$ ；

（3）$\int_0^3 |x-1| \mathrm{d}x$；

（4）$\int_0^{2\pi} \sqrt{1+\cos x}\, \mathrm{d}x$。

3. 设 $f(x) = \begin{cases} \mathrm{e}^x, & x < 0 \\ x, & x \geqslant 0 \end{cases}$，求 $\int_{-1}^1 f(x)\mathrm{d}x$。

6.3　定积分的换元法与分部积分法

4. 计算下列定积分：

（1）$\int_0^1 x\sqrt{4x+5}\, \mathrm{d}x$；

（2）$\int_0^4 (x+1)(4x-x^2)^{\frac{1}{2}}\mathrm{d}x$；

（3）$\int_0^1 \dfrac{\mathrm{d}x}{x+\sqrt{1-x^2}}$；

（4）$\int_{-\frac{3}{4}}^{\frac{3}{4}} \dfrac{(1+x)^3}{\sqrt{1-|x|}}\mathrm{d}x$。

5．计算下列定积分：

（1）$\int_0^1 \arcsin x\,\mathrm{d}x$；

（2）$\displaystyle\int_0^1 e^{\sqrt{x}}dx$；

（3）$\displaystyle\int_{\frac{1}{e}}^{e} |\ln x|dx$。

6. 利用华里士公式计算下列定积分：

（1）$\displaystyle\int_0^{2\pi} \sin^4 xdx$；

（2）$\displaystyle\int_{-\frac{\pi}{2}}^{\frac{\pi}{2}} \cos^5 xdx$；

（3）$\int_{-1}^{5} x\left(5+4x-x^2\right)^{\frac{3}{2}} dx$。

7. 设 $f'(x)$ 连续，且 $f(1)=a$，求 $\int_{0}^{1}\left(f(x)+xf'(x)\right)dx$。

8. 设 $f(u)$ 连续，求下列各导数：

（1）$\dfrac{d}{dx}\int_{0}^{x^2}\sqrt{1+t^4}dt$；

（2）$\dfrac{d}{dx}\int_{0}^{x}(x-t)f(t)dt$；

（3） $\dfrac{\mathrm{d}^2}{\mathrm{d}x^2}\left(\displaystyle\int_0^x tf(x-t)\,\mathrm{d}t\right)$。

9. $\displaystyle\lim_{x\to 0}\dfrac{\displaystyle\int_0^x \sin t^2\,\mathrm{d}t}{x^3}$。

6.4 反常积分

10. 计算下列反常积分，若发散，则请注明它发散：

（1） $\displaystyle\int_0^{+\infty} \mathrm{e}^{-2x}\,\mathrm{d}x$；

（2）$\int_0^{+\infty}\dfrac{\mathrm{d}x}{\sqrt{x}\left(1+x\right)}$；

（3）$\int_1^{+\infty}\dfrac{\mathrm{d}x}{x^2\left(x+1\right)}$；

（4）$\int_0^2\dfrac{\mathrm{d}x}{\left(1-x\right)^2}$。

6.5　定积分在几何上的应用

11．求下列各组曲线所围成的平面图形的面积：

（1）$y=\dfrac{1}{x},y=x,x=2$；

（2） $y = 3 - x^2, y = 2x$。

12．过坐标原点作曲线 $y = \ln x$ 的切线，求该切线与曲线 $y = \ln x$ 及 x 轴围成的平面图形的面积。

13．求下列各组曲线所围成的平面图形绕指定直线旋转一周所成的旋转体体积：

（1） $y = \mathrm{e}^x$， $y = \mathrm{e}$， y 轴，分别绕 y 轴与直线 $y = \mathrm{e}$；

（2） $y = 2x - x^2$， x 轴，分别绕 x 轴和 y 轴。

第 7 章 一元微积分学的补充应用

7.1 参数方程与极坐标方程及其微分法

1. 求下列由参数式所确定的函数 $y = y(x)$ 的指定阶的导数或导数值。

（1）$\begin{cases} x = \ln(1+t^2) \\ y = t - \arctan t \end{cases}$ ，求 $\dfrac{\mathrm{d}y}{\mathrm{d}x}$ 及 $\dfrac{\mathrm{d}^2 y}{\mathrm{d}x^2}$ ；

（2）$\begin{cases} x = \dfrac{3at}{1+t^3} \\ y = \dfrac{3at^2}{1+t^3} \end{cases} (a > 0)$ ，求 $\dfrac{\mathrm{d}y}{\mathrm{d}x}\Big|_{t=2}$ ；

（3）设 $f(t)$ 二阶可导，且 $f''(t) \neq 0$。求由参数式 $\begin{cases} x = f'(t) \\ y = tf'(t) - f(t) \end{cases}$ 所确定的函数 $y = y(x)$ 的 $\dfrac{\mathrm{d}y}{\mathrm{d}x}$ 及 $\dfrac{\mathrm{d}^2 y}{\mathrm{d}x^2}$。

2．求由参数方程 $\begin{cases} x = t(1 - \sin t) \\ y = t\cos t \end{cases}$ 确定的曲线在 $t = 0$ 处的切线方程。

3．求极坐标曲线 $r = 2\sin\theta$ 在其上 $\theta = \dfrac{\pi}{3}$ 的点处切线的直角坐标方程。

7.2 平面曲线的弧长与曲率

4. 求抛物线 $2x = y^2$ 上点 $(0,0)$ 与点 $\left(\dfrac{9}{2}, 3\right)$ 之间的弧长。

5. 求曲线 $\begin{cases} x = a(\cos t + t\sin t) \\ y = a(\sin t - t\cos t) \end{cases} (a > 0)$ 上 $t = 0$ 与 $t = \pi$ 之间的弧段的长。

6. 求摆线 $\begin{cases} x = a(t - \sin t) \\ y = a(1 - \cos t) \end{cases}$ 上 $t = \dfrac{\pi}{2}$ 处的曲率。

7.3　定积分与反常积分在物理上的某些应用

7. 两细棒放置在一条水平线上，长各为 l，线密度均为常值 ρ，最近端相距为 a，求两棒之间的引力。

7.4　一元微积分在经济中的某些应用

8. 设某商品的需求函数 $q = 12 - \dfrac{1}{2}p$。问：

（1）价格 p 在什么范围变动时，总收益随 p 的增大而增大，p 在什么范围变动时，总收益随 p 的增大而减小？

（2）p 为何值时，总收益最大，最大值是多少？

第 8 章 无穷级数

8.1 无穷级数的基本概念及其性质

1. 利用级数敛散性的定义及收敛级数的性质，讨论下列级数的敛散性，在收敛时，并写出收敛和：

（1）$\left(\dfrac{1}{2}+\dfrac{1}{3}\right)+\left(\dfrac{1}{2^2}+\dfrac{1}{3^2}\right)+\cdots+\left(\dfrac{1}{2^n}+\dfrac{1}{3^n}\right)+\cdots$；

（2）$\dfrac{1}{1\cdot3}+\dfrac{1}{3\cdot5}+\cdots+\dfrac{1}{(2n-1)\cdot(2n+1)}+\cdots$；

（3）$\left(\dfrac{1}{2}\right)^1+\left(\dfrac{2}{3}\right)^2+\cdots+\left(\dfrac{n}{n+1}\right)^n+\cdots$。

8.2 正项级数及其判敛法

2. 利用比较判别法或比较判别法的极限形式，讨论下列级数的敛散性：

（1）$\displaystyle\sum_{n=1}^{\infty} \frac{1}{n}\sin\frac{\pi}{2n}$;

（2）$\displaystyle\sum_{n=1}^{\infty} \ln\left(1+\frac{\pi}{n}\right)$;

（3）$\displaystyle\sum_{n=1}^{\infty} \left(e^{\frac{1}{n}}-1\right)$;

（4）$\displaystyle\sum_{n=1}^{\infty} \left(\frac{n}{2n+1}\right)^{n}$;

（5）$\displaystyle\sum_{n=2}^{\infty}\frac{1}{\sqrt{n}}\ln\frac{n+1}{n-1}$。

3．利用比值判别法讨论下列级数的敛散性：

（1）$\displaystyle\sum_{n=1}^{\infty}\frac{(2n)!}{(n!)^2}$；

（2）$\displaystyle\sum_{n=1}^{\infty}n^2\sin\frac{\pi}{2^n}$；

（3）$\displaystyle\sum_{n=1}^{\infty}\frac{1}{n!}\left(\frac{n}{2}\right)^n$。

4. 用适当的方法，讨论下列各题的敛散性：

（1）$\displaystyle\sum_{n=1}^{\infty}\frac{n+1}{n(n+2)}$；

（2）$\displaystyle\sum_{n=1}^{\infty}\left(\frac{1}{n}-\sin\frac{1}{n}\right)$；

（3）$\displaystyle\sum_{n=1}^{\infty}\left(\frac{1}{\sqrt{n}}-\sin\frac{1}{n}\right)$。

8.3 交错级数与任意项级数及它们的判敛法

5. 判别下列级数是绝对收敛，条件收敛，还是发散？并说明理由。

（1）$\displaystyle\sum_{n=1}^{\infty}(-1)^{n-1}\frac{1}{\sqrt{n}}$ ；

（2）$\displaystyle\sum_{n=1}^{\infty}\frac{(-1)^{n-1}100n}{n-\ln n}$ ；

（3）$\displaystyle\sum_{n=1}^{\infty}\frac{\sin n\alpha}{n^{\alpha}}$ （常数 $\alpha>1$ ）；

（4）$\displaystyle\sum_{n=1}^{\infty}\left[\ln\left(1+\frac{1}{n}\right)+(-1)^{n}\sin\frac{1}{n}\right]$ 。

8.4 幂级数及其性质

6. 求下列幂级数的收敛半径、收敛区间与收敛域:

(1) $\sum_{n=0}^{\infty} \dfrac{x^n}{(n+1)2^n}$;

(2) $\sum_{n=1}^{\infty} \dfrac{(x-1)^n}{(2n-1)3^n}$;

(3) $\sum_{n=1}^{\infty} \dfrac{(-1)^{n-1}(x-1)^{2n-1}}{n \cdot 4^n}$ 。

8.5 函数展开成幂级数及应用

7. 用间接法将下列函数展开为 $x-x_0$ 的幂级数（包括注明成立的范围）:

（1） $f(x) = \ln \dfrac{1+x}{1-x}, x_0 = 0$；

（2） $f(x) = \dfrac{1}{1+x-2x^2}, x_0 = 0$；

（3） $f(x) = \dfrac{1}{x^2}, x_0 = 3$；

（4） $f(x) = \ln(10-x), x_0 = 0$。

8.求下列幂级数的收敛区间及其在收敛区间内的和函数 $s(x)$：

（1） $\displaystyle\sum_{n=1}^{\infty} n(n+1)x^{n-1}$；

（2）$\sum\limits_{n=1}^{\infty}\dfrac{x^{2n}}{2n+1}$。

附录 A.1 极限与连续提高题

1．求下列极限：

（1）$\lim\limits_{x\to+\infty}\dfrac{\sqrt{x+\sqrt{x+\sqrt{x}}}}{\sqrt{x+\sqrt{x}}}$；

（2）$\lim\limits_{x\to0}\dfrac{\sqrt{1+x\sin x}-1}{\mathrm{e}^{x^2}-1}$；

（3）$\lim\limits_{x\to+\infty}\dfrac{\ln\left(1+3^x\right)}{\ln\left(1+2^x\right)}$；

（4）$\lim\limits_{x\to0}\dfrac{3\sin x+x^2\cos\dfrac{1}{x}}{\left(1+\cos x\right)\ln\left(1+x\right)}$；

（5）$\lim\limits_{x\to0}\left(\dfrac{\mathrm{e}^x+\mathrm{e}^{4x}+\mathrm{e}^{10x}}{3}\right)^{\frac{1}{x}}$；

（6）$\lim\limits_{x\to0}\dfrac{1}{x^2}\ln\left(2-\cos x\right)$；

（7）$\lim\limits_{x\to0}\left(\cos x\right)^{\frac{1}{\ln\left(1+x^2\right)}}$；

（8）$\lim\limits_{x\to0^+}\dfrac{1-\sqrt{\cos x}}{x\left(1-\cos\sqrt{x}\right)}$；

（9）$\lim\limits_{x\to0}\dfrac{1}{x^3}\left[\left(\dfrac{2+\cos x}{3}\right)^x-1\right]$；

（10）$\lim\limits_{x\to0}\dfrac{\mathrm{e}-\mathrm{e}^{\cos x}}{\sqrt[3]{1+x^2}-1}$；

（11）$\lim\limits_{x\to0}\left(\sin^2 x+\cos x\right)^{\frac{1}{x^2}}$；

（12）$\lim\limits_{x\to+\infty}\left(2\mathrm{e}^{\frac{x}{x^2+1}}-1\right)^{\frac{x^2+1}{x}}$。

2．已知 $\lim\limits_{x\to\infty}\left(\dfrac{x+2a}{x-a}\right)^x=8$，求 a 的值。

3．（1）已知 $\lim\limits_{x\to+\infty}\left(\sqrt{x^2+2x+3}+ax+b\right)=2$，求 a，b 的值。

（2）已知 $\lim\limits_{x\to-\infty}\left(\sqrt{x^2+2x+3}+ax+b\right)=2$，求 a，b 的值。

4. 求极限 $\lim\limits_{n\to\infty}n\left(\dfrac{1}{n^2+\pi}+\dfrac{1}{n^2+2\pi}+\cdots+\dfrac{1}{n^2+n\pi}\right)$。

5. 设 $x_1=2, x_{n+1}=2-\dfrac{1}{x_n}\left(n\in N^+\right)$，求证 $\lim\limits_{n\to+\infty}x_n$ 存在，并求其极限。

6. 已知 $\lim\limits_{x\to 0}\dfrac{\sqrt{1+\dfrac{1}{x}f(x)}-1}{x^2}=C$，求常数 τ 和 k，使当 $x\to 0$ 时，$f(x)\sim\tau x^k$。

7. 若 $f(x)=\begin{cases}\dfrac{\sin 2x+e^{2ax}-1}{x}, & x\neq 0\\[2mm] a, & x=0\end{cases}$ 在 $x=0$ 处连续，求常数 a。

8. 设 $f(x)=\lim\limits_{n\to\infty}\dfrac{\ln\left(e^n+x^n\right)}{n}(x>0)$：

（1）求 $f(x)$；

（2）讨论 $f(x)$ 的连续性。

9. 设 $f(x)$ 在 $[a,b]$ 上连续，$x_1,x_2,\cdots,x_n\in[a,b]$，若 $\lambda_1,\lambda_2,\cdots,\lambda_n>0$ 满足 $\lambda_1+\lambda_2+\cdots+\lambda_n=1$，证明：存在一点 $\xi\in[a,b]$，使得 $f(\xi)=\lambda_1 f(x_1)+\lambda_2 f(x_2)+\cdots+\lambda_n f(x_n)$。

附录 A.2 导数与微分提高题

设 $f(x)=\begin{cases}\dfrac{x}{1+\mathrm{e}^{\frac{1}{x}}}, & x<0 \\ 0, & x=0 \\ \dfrac{2x}{1+\mathrm{e}^{x}}, & x>0\end{cases}$，证明：函数在 $x=0$ 处的导数存在，并求 $f'(0)$。

2. 已知 $F(x)=\begin{cases}\dfrac{\mathrm{e}^{x}\sin x}{x}, & x\neq 0 \\ a, & x=0\end{cases}$ 为连续函数。

（1）求常数 a；

（2）证明 $F(x)$ 的导函数连续。

3. 讨论函数 $f(x)=\begin{cases}x^{\alpha}\sin\dfrac{1}{x}, & x\neq 0 \\ 0, & x=0\end{cases}$（$\alpha$ 为常数）在点 $x=0$ 处的连续性和可导性。

4. 设 $f(0)=1$，$f'(0)=2$，求 $\lim\limits_{x\to\infty}\left[f\left(\dfrac{1}{x}\right)\right]^{x}$。

5. 设函数 $f(x)$ 在 $x=0$ 处可导，且 $f(0)=0$，$f'(0)=2$，求 $\lim\limits_{x\to 0}\dfrac{x^{2}f(x)-2f(x^{3})}{x^{3}}$。

6. 设 $f(x),g(x)$ 是定义在 R 上的函数，且有

（1）$f(x+y)=f(x)g(y)+f(y)g(x)$；

（2）$f(x),g(x)$ 在 $x=0$ 处可导；

（3）$f(0)=0, g(0)=1, f'(0)=1, g'(0)=0$。

证明：$f(x)$ 对所有的 x 可导，且 $f'(x)=g(x)$。

7. 设函数 $f(x)=(x-1)(x^{2}-2)(x^{3}-3)\cdots(x^{100}-100)$，求 $f'(1)$。

8. 设 $y=\tan\dfrac{x}{2}+\ln\tan\dfrac{x}{2}+\sqrt{\ln\tan\dfrac{x}{2}}$，求 y'。

9. 设 $y=\mathrm{e}^{x}\sqrt{1-\mathrm{e}^{2x}}+\arcsin\mathrm{e}^{x}+\ln\pi$，求 y'。

10. 设 $y=\arcsin^{2}\left(\dfrac{\sin\sqrt{x}+\cos\sqrt{x}}{2}\right)$，求 $\dfrac{\mathrm{d}y}{\mathrm{d}x}$。

11. 设 $y=f\left[\phi^{2}(x)+\varphi(x^{2})\right]$，求 $\dfrac{\mathrm{d}y}{\mathrm{d}x}$。

12. 设 $y = f\left[f\left(\sin\dfrac{x}{2} \right) \right]$，求 $\dfrac{dy}{dx}$。

13. 设 $y = (1 + \ln x)^{f^2(\cos x)}$，求 $\dfrac{dy}{dx}$。

14. 设 $f(x) = \varphi_1(x)\varphi_2(x)\cdots\varphi_n(x)$，其中 $\varphi_i(x)(i=1,2,\cdots,n)$ 可导且 $\varphi_i(x) \neq 0$，证

明：$f'(x) = f(x)\left[\dfrac{\varphi_1'(x)}{\varphi_1(x)} + \dfrac{\varphi_2'(x)}{\varphi_2(x)} + \cdots + \dfrac{\varphi_n'(x)}{\varphi_n(x)} \right]$。

15. 设 $y = \dfrac{x}{x^2 - 3x + 2}$，求 $y^{(n)}$。

16. 设 $y = x \ln x$，求 $y^{(n)}$。

17. 方程 $\arctan\dfrac{y}{x} = \ln\sqrt{x^2 + y^2}$ 确定 $y = y(x)$，求 $\dfrac{dy}{dx}$。

18. 方程 $y = \tan(x - y)$ 确定 $y = y(x)$，求 $\dfrac{d^2 y}{dx^2}$。

19. 已知函数 $y = y(x)$ 由方程 $e^y + 6xy + x^2 - 1 = 0$ 确定，求 $y''(0)$。

20. 方程 $\cos(xy) = x^2 y^2$ 确定 $y = y(x)$，求 dy。

21. 设 $f(x) = \lim\limits_{n \to \infty} \dfrac{x^2 e^{n(x-1)} + ax + b}{e^{n(x-1)} + 1}$，问 a，b 为何值时，函数 $f(x)$ 连续且可导，并

求 $f'(x)$。

附录 A.3 微分学的基本定理与导数的应用

提高题

1. 设 $f(x)$ 在 $[0,2]$ 上连续，在 $(0,2)$ 内可导，且 $f(1)=1$，$f(0)=f(2)=0$，证明：$\exists \xi \in (0,2)$ 使得 $f'(\xi)+f(\xi)=1$。

2. 设 $f(x)$ 在 $[0,2]$ 上连续，在 $(0,2)$ 内可导，且有 $f(2)=5f(0)$，试证明：在 $(0,2)$ 内至少存在一点 ξ，使得 $(1+\xi^2)f'(\xi)=2\xi f(\xi)$。

3. $\lim\limits_{x \to 0} \dfrac{\ln(1+x)-\sin x}{\sqrt[3]{1-x^2}-1}$。

4. $\lim\limits_{x \to 0} \left(\dfrac{e^x-1}{x}\right)^{\frac{1}{x}}$。

5. $\lim\limits_{x \to 0} \left(\dfrac{1}{\sin^2 x}-\dfrac{1}{x^2}\right)$。

6. $\lim\limits_{x \to 0} \left(\dfrac{1}{x^2}-\dfrac{\cos^2 x}{\sin^2 x}\right)$。

7. $\lim\limits_{x \to 0} \dfrac{e^x+\ln(1-x)-1}{x-\arctan x}$。

8. $\lim\limits_{x \to 0} \dfrac{x-\sin x}{x^2(e^{2x}-1)}$。

9. $\lim\limits_{x \to 1} \dfrac{x-x^x}{1-x+\ln x}$。

10. $\lim\limits_{x \to \infty} \left[x-x^2\ln\left(1+\dfrac{1}{x}\right)\right]$。

11. $\lim\limits_{n \to \infty} \tan^n\left(\dfrac{\pi}{4}+\dfrac{2}{n}\right)$。

12. $\lim\limits_{x \to 0} \dfrac{xe^x-\sin x-x^2}{(1-\cos x)\arctan 3x}$。

13. 已知 $\lim\limits_{x \to 0} \dfrac{2\arctan x-\ln\dfrac{1+x}{1-x}}{x^p}=C \neq 0$，求 p，C。

14. $\lim\limits_{x \to \frac{\pi}{4}} (\tan x)^{\tan 2x}$。

15. $\lim\limits_{x \to \frac{\pi}{2}^{-}} \left(\tan x\right)^{2x-\pi}$。

16. 证明：当 $x \geqslant 0$ 时，$\left(1+x\right)\ln\left(1+x\right) \geqslant \arctan x$。

17. 证明：当 $0 < x < \dfrac{\pi}{2}$ 时，$\tan x > x + \dfrac{1}{3}x^3$。

18. 求曲线 $y = \dfrac{1}{x} + \dfrac{x}{1-\mathrm{e}^x}$ 的所有渐近线方程。

19. 求曲线 $y = \dfrac{1+\mathrm{e}^{-x^2}}{1-\mathrm{e}^{-x^2}}$ 的所有渐近线方程。

20. 设 $f\left(x\right)$ 在 $x=0$ 处二阶可导，且 $\lim\limits_{x \to 0} \dfrac{\sin x + xf\left(x\right)}{x^3} = 0$，求 $f\left(0\right)$，$f'\left(0\right)$，$f''\left(0\right)$。

21. 设 $f\left(x\right)$ 在 $x=a$ 处二阶可导，$f'\left(a\right) \neq 0$，求 $\lim\limits_{x \to a}\left[\dfrac{1}{f'\left(a\right)\left(x-a\right)} - \dfrac{1}{f\left(x\right)-f\left(a\right)}\right]$。

22. 设 $f\left(x\right)$ 在 $\left[a,+\infty\right)$ 上连续，$f''\left(x\right)$ 在 $\left(a,+\infty\right)$ 内存在且大于零，证明：

$$F\left(x\right) = \frac{f\left(x\right)-f\left(a\right)}{x-a}\ \left(x>a\right)$$

在 $\left(a,+\infty\right)$ 内递增。

23. 设 $x>0$，证明：$f\left(x\right) = \left(x-4\right)\mathrm{e}^{\frac{x}{2}} - \left(x-2\right)\mathrm{e}^x + 2 < 0$。

附录 A.4 不定积分提高题

1. $\displaystyle\int \frac{x}{(1+x)^3}\mathrm{d}x$ 。

2. $\displaystyle\int \sqrt{5-4x-x^2}\,\mathrm{d}x$ 。

3. $\displaystyle\int \frac{\ln x-1}{x^2}\mathrm{d}x$ 。

4. $\displaystyle\int \frac{(1-x)\arcsin(1-x)}{\sqrt{2x-x^2}}\mathrm{d}x$ 。

5. $\displaystyle\int \frac{\ln(e^x+1)}{e^x}\mathrm{d}x$ 。

6. $\displaystyle\int x\ln\left(\frac{1+x}{1-x}\right)\mathrm{d}x$ 。

7. $\displaystyle\int \frac{2x+2}{(x-1)(x^2+1)^2}\mathrm{d}x$ 。

8. $\displaystyle\int \frac{1-x-x^2}{(x^2+1)^2}\mathrm{d}x$ 。

9. $\displaystyle\int \frac{1+\sin x}{\sin x(1+\cos x)}\mathrm{d}x$ 。

10. $\displaystyle\int \sqrt{\frac{a+x}{a-x}}\,\mathrm{d}x$ 。

11. $\displaystyle\int \frac{\sqrt{\ln\left(x+\sqrt{1+x^2}\right)+5}}{\sqrt{1+x^2}}\mathrm{d}x$ 。

12. $\displaystyle\int \frac{1}{(x+1)^3\sqrt{x^2+2x}}\mathrm{d}x$ 。

13. $\displaystyle\int \frac{x\arctan x}{(1+x^2)^{\frac{3}{2}}}\mathrm{d}x$ 。

14. $\displaystyle\int (\arcsin x)^2\,\mathrm{d}x$ 。

15. $\displaystyle\int \frac{\arctan e^x}{e^x}\mathrm{d}x$ 。

16. $\displaystyle\int \arcsin\sqrt{x}\,\mathrm{d}x$ 。

17. $\displaystyle\int \frac{xe^{x}}{\left(x+1\right)^{2}}dx$。

18. $\displaystyle\int \frac{1}{e^{3x}+e^{x}}dx$。

19. $\displaystyle\int \frac{1}{e^{x}+2+2e^{-x}}dx$。

20. $\displaystyle\int \frac{1}{x+\sqrt{1-x^{2}}}dx$。

21. $\displaystyle\int \frac{1}{1+\sqrt{1-x^{2}}}dx$。

22. $\displaystyle\int e^{\sin x}\left(x\cos x-\tan x\sec x\right)dx$。

23. $\displaystyle\int \frac{1+x^{2}+x^{4}}{x^{3}\left(1+x^{2}\right)}dx$。

24. $\displaystyle\int \frac{1}{x}\sqrt{\frac{1-x}{x}}dx$。

25. $\displaystyle\int \frac{1}{x\left(2+x^{10}\right)}dx$。

26. $\displaystyle\int \frac{x+\sin x}{1+\cos x}dx$。

27. $\displaystyle\int \frac{\ln\left(1+x^{2}\right)}{x^{3}}dx$。

28. $\displaystyle\int \frac{1}{\sqrt{2x+3}+\sqrt{2x-1}}dx$。

29. $\displaystyle\int \frac{1}{1+x^{4}}dx$。

30. $\displaystyle\int \left[\frac{f(x)}{f'(x)}-\frac{f^{2}(x)f''(x)}{\left(f'(x)\right)^{3}}\right]dx$。

附录 A.5 定积分及其应用提高题

1. 将下列极限写成积分和式的形式,利用定积分求这些极限。

(1) $\lim\limits_{n\to\infty}\sum\limits_{i=1}^{n}\dfrac{1}{\sqrt{n^2+i^2}}$;

(2) $\lim\limits_{n\to\infty}\sum\limits_{i=1}^{n}\dfrac{1}{n+i}$ 。

2. 设 $f(x)$ 与 $g(x)$ 在 $[a,b]$ 上连续, 且 $g(x)$ 不变号, 试证明: 至少存在一点 $\xi\in(a,b)$, 使

$$\int_a^b f(x)g(x)\mathrm{d}x = f(\xi)\int_a^b g(x)\mathrm{d}x$$

成立。

3. 求下列定积分:

(1) $\int_0^3 \arcsin\sqrt{\dfrac{x}{1+x}}\,\mathrm{d}x$;

(2) $\int_0^{\ln 2} \sqrt{1-\mathrm{e}^{-2x}}\,\mathrm{d}x$;

(3) $\int_{\frac{1}{2}}^1 \mathrm{e}^{\sqrt{2x-1}}\,\mathrm{d}x$;

(4) $\int_{-\frac{\pi}{4}}^{\frac{\pi}{4}} \dfrac{\cos x}{1+\mathrm{e}^{-x}}\,\mathrm{d}x$ 。

4. 求下列定积分:

(1) $\int_0^1 x\sqrt{1-x}\,\mathrm{d}x$;

(2) $\int_0^4 \mathrm{e}^{\sqrt{x}}\,\mathrm{d}x$;

(3) $\int_{-1}^1 \sqrt{1-x^2}\ln\left(x+\sqrt{1+x^2}\right)$;

(4) $\int_0^{\frac{\sqrt{3}}{3}} \dfrac{1}{(2x^2+1)\sqrt{1+x^2}}\,\mathrm{d}x$;

(5) $\int_0^1 \sqrt{2x-x^2}\,\mathrm{d}x$;

(6) $\int_{-1}^1 \left(\dfrac{x^3}{\sqrt{1+x^2}}+x^2\right)\sqrt{1-x^2}\,\mathrm{d}x$ 。

5. 计算: $\int_0^{\pi} \dfrac{x\sin x}{1+\cos^2 x}\,\mathrm{d}x$ 。

6. $\int_0^{\frac{\pi}{2}} \dfrac{f(\sin x)}{f(\cos x)+f(\sin x)}\,\mathrm{d}x$ 。

7. 设 $f''(x)$ 连续，且 $f'(0)=f'(\pi)=-2$ ，求 $\int_0^\pi \left(f(x)+f''(x)\right)\cos x\,\mathrm{d}x$ 。

8. 求极限：

（1） $\lim\limits_{x\to 0}\dfrac{\displaystyle\int_0^{\sin^2 x}\ln(1+t)\,\mathrm{d}t}{\sqrt{1+x^4}-1}$ ；

（2） $\lim\limits_{x\to 0}\dfrac{\displaystyle\int_0^{x^2}\left[1-\cos(\sin t)\right]\mathrm{d}t}{\arctan x^4\cdot\left(\sqrt{1-x^2}-1\right)}$ 。

9. 求 $\dfrac{\mathrm{d}}{\mathrm{d}x}\displaystyle\int_0^x\cos(x-t)^2\,\mathrm{d}t$ 。

10. 设 $f(x)$ 连续，求 $\dfrac{\mathrm{d}}{\mathrm{d}x}\displaystyle\int_1^2 f(x+t)\,\mathrm{d}t$ 。

11. 设 $f(u)$ 在 $u=0$ 的某邻域内连续，且 $\lim\limits_{u\to 0}\dfrac{f(u)}{u}=A$ ，求 $\lim\limits_{y\to 0}\dfrac{\mathrm{d}}{\mathrm{d}y}\displaystyle\int_0^1 f(yt)\,\mathrm{d}t$ 。

12. 设 $f(x)=\displaystyle\int_\pi^x\dfrac{\sin t}{t}\,\mathrm{d}t$ ，求 $\displaystyle\int_0^\pi f(x)\,\mathrm{d}x$ 。

13. 设函数 $f(x)$ 连续，且 $\displaystyle\int_0^x tf(2x-t)\,\mathrm{d}t=\dfrac{1}{2}\arctan x^2$ ，已知 $f(1)=1$ ，求 $\displaystyle\int_1^2 f(x)\,\mathrm{d}x$ 的值。

14. 设 $G(x)=\displaystyle\int_1^x \mathrm{e}^{-t^2}\,\mathrm{d}t$ ，求 $\displaystyle\int_0^1 G(x)\,\mathrm{d}x$ 。

15. 设 $f(x)$ 在 $[a,b]$ 上连续且单调递增，证明：对于任意的 $x\in[a,b]$ ，有

$$\int_a^x tf(t)\,\mathrm{d}t\geqslant\dfrac{a+x}{2}\int_a^x f(t)\,\mathrm{d}t$$

成立。

16. 设 $f(x)$ 在 $[0,+\infty)$ 上连续， $f(x)>0$ ，证明：

$$F(x)=\dfrac{\displaystyle\int_0^x tf(t)\,\mathrm{d}t}{\displaystyle\int_0^x f(t)\,\mathrm{d}t}$$

在 $(0,+\infty)$ 内严格单调递增。

17. 求下列反常积分的值：

（1） $\displaystyle\int_1^{+\infty}\dfrac{\mathrm{d}x}{x(x^2+1)}$ ；

（2） $\displaystyle\int_{\frac{1}{2}}^{\frac{3}{2}}\dfrac{\mathrm{d}x}{\sqrt{\left|x-x^2\right|}}$ ；

（3） $\displaystyle\int_0^1\dfrac{x\,\mathrm{d}x}{(2-x^2)\sqrt{1-x^2}}$ ；

（4）$\displaystyle\int_0^{+\infty}\frac{\mathrm{d}x}{\left(1+x^2\right)\left(1+\sqrt{x}\right)}$;

（5）$\displaystyle\int_1^{+\infty}\frac{\arctan x}{x^2}\mathrm{d}x$ 。

18. 求由 $y=|\ln x|, x=0.1, x=10, y=0$ 所围成的平面图形的面积。

19. 求由 $y=\sin x, y=0\left(0\leqslant x\leqslant\pi\right)$ 围成的平面图形绕 x 轴和 y 轴旋转一周所成的旋转体的体积。

20. 求由 $y=2x-x^2, y=1, y$ 轴，$x=2$ 所围成的平面图形的面积，并求此图形分别绕 x 轴和 $y=1$ 旋转一周所构成的旋转体的体积。

附录 A.6　一元微积分学的补充应用提高题

1．求下列由参数式所确定的函数 $y = y(x)$ 的指定阶的导数或导数值。

（1）$\begin{cases} x = \int_0^{t^2} e^{u^2} du \\ y = e^{t^4} \end{cases}$，求 $\dfrac{dy}{dx}$ 及 $\dfrac{d^2 y}{dx^2}$；

（2）$\begin{cases} x = \sin t - \arctan t \\ y = \ln\left(t + \sqrt{1+t^2}\right) \end{cases}$ 求 $\dfrac{dy}{dx}$，$\dfrac{d^2 y}{dx^2}$；

（3）$\begin{cases} x = \int_0^t 2e^{-s^2} ds \\ y = \int_0^t \cos s^2 ds \end{cases}$ 求 $\dfrac{d^2 y}{dx^2}\Big|_{t=\sqrt{\pi}}$。

2．由参数式 $\begin{cases} x = t^2 + 2t \\ y = t - \ln(1+t) \end{cases}$，确定了 y 为 x 的函数 $y = y(x)$，求曲线 $y = y(x)$ 的凹、凸区间及拐点坐标（区间用 x 表示，点用 (x, y) 表示）。

3．由摆线 $\begin{cases} x = a(t - \sin t) \\ y = a(1 - \cos t) \end{cases} (a > 0)$，$0 \leqslant t \leqslant 2\pi$ 与 $y = a$，$x = 0$，$x = 2\pi a$ 围成的三块图形记为 D：

（1）求 D 的面积；

（2）求 D 绕直线 $y = a$ 旋转一周生成的旋转体体积 $V_{y=a}$；

（3）求 D 绕 x 轴旋转一周生成的旋转体体积 V_x。

4．设函数 $y = y(x)$ 由方程 $e^{-y} + x(y - x) = 1 + x$ 所确定，求曲线 $y = y(x)$ 在 $x = 0$ 处的曲率。

5．设函数 $y = y(x)$ 由方程 $x^2 = \int_0^{y-x} e^{-t^2} dt$ 所确定，求曲线 $y = y(x)$ 在 $x = 0$ 处的曲率半径。

附录 A.7 无穷级数提高题

1. 设常数 $k > 0$，则级数 $\sum_{n=1}^{\infty} (-1)^n \dfrac{k+n}{n^2}$ （   ）。

A. 发散   B. 条件收敛

C. 绝对收敛   D. 收敛或发散与 k 的取值有关

2. 设 a 是常数，则级数 $\sum_{n=1}^{\infty} \left[\dfrac{\sin(na)}{n^2} - \dfrac{1}{\sqrt{n}} \right]$ （   ）。

A. 发散   B. 条件收敛

C. 绝对收敛   D. 收敛或发散与 a 的取值有关

3. 设常数 $a > 0$，则级数 $\sum_{n=1}^{\infty} (-1)^n \left(1 - \cos \dfrac{a}{n} \right)$ （   ）。

A. 发散   B. 条件收敛

C. 绝对收敛   D. 收敛或发散与 a 的取值有关

4. 设 $\mu_n = (-1)^n \ln \left(1 + \dfrac{1}{\sqrt{n}} \right)$，则级数（   ）。

A. 级数 $\sum_{n=1}^{\infty} \mu_n$ 与 $\sum_{n=1}^{\infty} \mu_n^2$ 都收敛   B. 级数 $\sum_{n=1}^{\infty} \mu_n$ 与 $\sum_{n=1}^{\infty} \mu_n^2$ 都发散

C. 级数 $\sum_{n=1}^{\infty} \mu_n$ 收敛而 $\sum_{n=1}^{\infty} \mu_n^2$ 发散   D. 级数 $\sum_{n=1}^{\infty} \mu_n$ 发散而 $\sum_{n=1}^{\infty} \mu_n^2$ 收敛

5. 设级数 $\sum_{n=1}^{\infty} a_n$ 收敛，则下述结论不正确的是（   ）。

A. $\sum_{n=1}^{\infty} (a_n + a_{n+1})$ 必收敛   B. $\sum_{n=1}^{\infty} (a_n^2 - a_{n+1}^2)$ 必收敛

C. $\sum_{n=1}^{\infty} (a_{2n} + a_{2n+1})$ 必收敛   D. $\sum_{n=1}^{\infty} (a_{2n} - a_{2n+1})$ 必收敛

6. 若级数 $\sum_{n=1}^{\infty} a_n$ 条件收敛，则 $x = \sqrt{3}$ 与 $x = 3$ 依次为幂级数 $\sum_{n=1}^{\infty} a_n (x-1)^n$ 的（   ）。

A. 收敛点，收敛点   B. 收敛点，发散点

C. 发散点，收敛点   D. 发散点，发散点

7. 用适当的方法，讨论下列级数的敛散性：

（1）$\sum_{n=1}^{\infty} \dfrac{(n+1)!}{n^{n+1}}$；

（2）$\sum_{n=1}^{\infty} \dfrac{e^n \cdot n!}{n^n}$；

（3）$\displaystyle\sum_{n=2}^{\infty}\frac{(n+1)^{\ln n}}{(\ln n)^n}$ ；

（4）$\displaystyle\sum_{n=1}^{\infty}\frac{1}{\sqrt[3]{n}}\left(1-\cos\frac{1}{\sqrt{n}}\right)$ ；

（5）$\displaystyle\sum_{n=1}^{\infty}\frac{4^n}{5^n-3^n}$ ；

（6）$\displaystyle\sum_{n=1}^{\infty}\left(\sqrt{n^4+1}-\sqrt{n^4-1}\right)$ 。

8. 设常数 $\alpha>0$ ，讨论级数 $\displaystyle\sum_{n=1}^{\infty}\frac{\ln n}{n^{1+2\alpha}}$ 的敛散性，并证明你的结论。

9. 判定下列级数是绝对收敛、条件收敛、还是发散。并说明理由。

（1）$\displaystyle\sum_{n=1}^{\infty}(-1)^{n-1}\left(\sqrt[n]{n}-1\right)$ ；

（2）$\displaystyle\sum_{n=1}^{\infty}(-1)^{n+1}\frac{2^{n^2}}{n!}$ ；

（3）$\displaystyle\sum_{n=1}^{\infty}(-1)^{n-1}\frac{1}{n+\sin n}$ ；

（4）$\displaystyle\sum_{n=1}^{\infty}\left[\frac{(-1)^n}{\sqrt{n}}+\frac{1}{n}\right]$ ；

（5）$\displaystyle\sum_{n=2}^{\infty}\frac{(-1)^n\sqrt{n}}{n-1}$ 。

10. 证明：级数 $\displaystyle\sum_{n=2}^{\infty}\int_{n}^{n+1}(-1)^{n+1}\frac{1}{\ln x}\,\mathrm{d}x$ 条件收敛。

11. 求下列幂级数的收敛半径、收敛区间与收敛域：

（1）$\displaystyle\sum_{n=1}^{\infty}\frac{(2x+1)^n}{3n-1}$ ；

（2）$\displaystyle\sum_{n=0}^{\infty}\frac{(2n)!}{(n!)^2}x^{2n}$ 。

12. 将函数 $f(x)=\arctan\dfrac{1-2x}{1+2x}$ 展开成 x 的幂级数，并求级数 $\displaystyle\sum_{n=0}^{\infty}\frac{(-1)^n}{2n+1}$ 的和。

13. 将函数 $f(x)=x\arctan x-\dfrac{1}{2}\ln\left(1+x^2\right)$ 在 $x=0$ 处展开成泰勒级数（即麦克劳林级数），并指明成立范围。

14. 设 $f(x)=\begin{cases}\dfrac{1+x^2}{x}\arctan x, & x\neq 0 \\[2mm] 1, & x=0\end{cases}$ ，试将 $f(x)$ 展开成 x 的幂级数，并求级数

$\displaystyle\sum_{n=1}^{\infty}\frac{(-1)^n}{1-4n^2}$ 的和。

15. 求幂级数 $\displaystyle\sum_{n=1}^{\infty}\left(\frac{1}{2n+1}-1\right)x^{2n}$ 在区间 $(-1,1)$ 内的和函数。

16. 求幂级数 $\displaystyle\sum_{n=1}^{\infty}\frac{1}{n\cdot 2^n}x^{n-1}$ 的收敛域，并求其和函数。

17. 求 $\displaystyle\sum_{n=1}^{\infty}\frac{nx^{n-1}}{(n-1)!}$ 的和函数。

18. 求 $\displaystyle\sum_{n=0}^{\infty}\frac{(-1)^n}{2n+1}x^{2n+2}$ 的和函数，并求级数 $\displaystyle\sum_{n=0}^{\infty}\frac{(-1)^n}{2n+1}$ 的和。

19. 设 $f(x)$ 在区间 $(0,1)$ 内可导，且 $\left|f'(x)\right|\leqslant M$（$M$ 为常数）。

证明:（1）级数 $\displaystyle\sum_{n=1}^{\infty}\left(f\left(\frac{1}{2^n}\right)-f\left(\frac{1}{2^{n+1}}\right)\right)$ 绝对收敛；（2）$\displaystyle\lim_{n\to\infty}f\left(\frac{1}{2^n}\right)$ 存在。

附录 B.1 《微积分 I》期中考试样卷（一）

一、　计算题（每题 5 分，共 45 分）

    1. 求极限 $\lim\limits_{x \to 1}\left(\dfrac{1}{1-x} + \dfrac{1}{3x-x^2-2}\right)$。

    2. 求极限 $\lim\limits_{x \to -\infty}\left(\sqrt{x^2+x}+x\right)$。

    3. 求极限 $\lim\limits_{x \to 0}\left(\dfrac{1}{\ln(1+x)} + \dfrac{1}{\ln(1-x)}\right)$。

    4. 求极限 $\lim\limits_{x \to 0}\left(e^x - x\right)^{\frac{1}{x^2}}$。

5. 求极限 $\lim\limits_{x \to 0} \dfrac{\sin x - \tan x}{\left(e^x - 1\right)\ln\left(1 - x\right)\arcsin x}$。

6. 已知 $y = x^e + e^x + x^x + e^e$，求 y'。

7. 设 $y = e^{\pi}\tan 2x + \left(\arcsin 2x\right)^3 + \ln \pi$，求 dy。

8. 设 $f(u)$ 二阶可导，$y = f(\ln x) + \ln\left(f(x)\right)$，求 y' 及 y''。

9. 讨论函数 $f(x)=2x^3-6x^2-18x-7$ 的单调区间并求极值。

二、 综合题（每题 6 分，共 24 分）

1. 求曲线 $x+x^2y^2-y=1$ 在点 $(1,1)$ 处的切线方程和法线方程。（注：过切点与切线垂直的直线为法线）

2. 设 $f'(x)$ 存在，$f(0)=0$，试利用导数定义求极限 $\lim\limits_{h\to 0}\dfrac{f(1-e^h)}{h}$。

3. 设 $y(x) = \arctan \mathrm{e}^x - \ln \sqrt{\dfrac{\mathrm{e}^x}{\mathrm{e}^x+1}}$ ，求 $\mathrm{d}y$ 。

4. 求常数 a 和 b 使得函数 $f(x) = \begin{cases} \mathrm{e}^{2x}, & x > 0 \\ ax+b, & x \leqslant 0 \end{cases}$ 在 $x=0$ 处可导。

三、　证明题（第一题 5 分，第二题 6 分，共 11 分）

1. 证明：方程 $x^5 + x - 1 = 0$ 有且仅有一个正根。

2. 证明：当 $x > 0$ 时，$x < e^x - 1 < xe^x$。

四、 填空与选择填空题（每空 2 分，共 20 分）

1. 已知 a，b 均为常数，$\lim\limits_{x \to \infty} \dfrac{(x-1)^{30}(ax+3)^{b}}{(2x+1)^{100}} = \dfrac{1}{2^{70}}$，则 $a = $ _____。

2. $\lim\limits_{x \to \infty} \left[\left(1 - \dfrac{3}{x}\right)^{x} - x\sin\dfrac{2}{x} + \dfrac{1}{x}\sin x \right] = $ _____。

3. 已知 $x \to 0$ 时，$\ln\left(2 - \cos^2(2x)\right)$ 与 $Ax^k \ (A, k \in R)$ 为等价无穷小，则 $A = $ _____，$k = $ _____。

4. 若函数 $f(x)$ 在 $x = x_0$ 处无定义，但 $\lim\limits_{x \to x_0} f(x)$ 存在，则 x_0 为 $f(x)$ _____。

（选填：连续的点、可去间断点、跳跃间断点、无穷间断点）

5. 设 $y = \sin(2x+1)$，则 $y^{(2015)} = $ _____。（注：$\sin(x)^{(n)} = \sin\left(x + \dfrac{n\pi}{2}\right)$。）

6. 请将适当的函数填入下列横线上，使等式成立：

$\dfrac{1}{\sqrt{x}}\mathrm{d}x = \mathrm{d}$ _____；　$\sin x\,\mathrm{d}x = \mathrm{d}$ _____；

$\sec x \tan x\,\mathrm{d}x = \mathrm{d}$ _____；　$x^3\,\mathrm{d}x = \mathrm{d}$ _____；

附录 B.2 《微积分 I》期中考试样卷（二）

一、 计算题（每题 5 分，共 50 分）

1. 求极限 $\lim\limits_{x \to 0} (2 - \cos x)^{\frac{1}{x^2}}$。

2. 求极限 $\lim\limits_{x \to -\infty} \left(\sqrt{x^2 + x + \sin x} + x \right)$。

3. 求极限 $\lim\limits_{x \to 0} \left(\dfrac{\ln(1+x)}{x \arcsin x} - \dfrac{1}{\arcsin x} \right)$。

4. 求极限 $\lim\limits_{x \to 0} \dfrac{\sqrt[3]{1-x^2}-1}{x\left(\sqrt{1+x}-\sqrt{1-x}\right)}$。

5. 求极限 $\lim\limits_{x \to +\infty} \left(1+e^x\right)^{\frac{1}{x}}$。

6. 已知 $y = x^e + \left(3e\right)^x + e^{3x} + \ln\pi$，求 y' 及 y''。

7. 设 $y = \left(\sin x\right)^x + \left(\arcsin 2x\right)^3$，求微分 $\mathrm{d}y$。

8. 设 $f\left(u\right)$ 二阶可导，求 $y = f\left(\tan x\right) + \arctan\left[f\left(x\right)\right]$ 的一阶导数 $\dfrac{\mathrm{d}y}{\mathrm{d}x}$。

9. 已知方程 $x^2 + xy + y^3 = 1$ 确定了函数 $y = y\left(x\right)$，求 $\dfrac{\mathrm{d}y}{\mathrm{d}x}$ 及 $\left.\dfrac{\mathrm{d}y}{\mathrm{d}x}\right|_{x=0}$。

10. 设 $y = \sec\left(e^x\right) - \ln\sqrt{\dfrac{e^x}{e^x+1}}$，求微分 dy。

二、 综合题（每题 6 分，共 24 分）

1. 求曲线 $\ln(y+x) - \cos(xy) = x$ 在点 $x = 0$ 处的切线方程和法线方程。（注：过切点与切线垂直的直线为法线）

2. 设 $f'(x_0)$ 存在，$f(x_0) \neq 0$，试利用导数定义求极限 $\lim\limits_{h \to 0}\left(\dfrac{f(x_0+h)}{f(x_0)}\right)^{\frac{1}{h}}$。

3. 设 $y = x\ln(3+2x)$，求 y 对 x 的 2016 阶导数 $y^{(2016)}(x)$。

（注：$\left[\ln(1+x)\right]^{(n)} = (-1)^{n-1}(n-1)!(1+x)^{-n}$。）

4. 求常数 a、b，使得函数 $f(x) = \begin{cases} x^2\sin\dfrac{1}{x} + \mathrm{e}^{2x}, & x > 0 \\ ax+b, & x \leqslant 0 \end{cases}$ 在 $x=0$ 处可导。

三、 证明题（6分）

设 $f(x)$ 在 $[0,1]$ 上连续，在 $(0,1)$ 上可导，$f(1)=0$，试证明：在 $(0,1)$ 内至少存在一点 ξ，使得 $\xi f'(\xi) + f(\xi) = 0$。

四、 填空与选择填空题（每空 2 分，共 20 分）

1. 已知 a,b 均为常数，$\lim\limits_{x\to\infty}\dfrac{(x-1)^{30}(ax+3)^{70}}{(2x+1)^{b}}=\dfrac{1}{2^{30}}$，则 $a=$____，$b=$____。

2. $\lim\limits_{x\to\infty}\left[\left(1-\dfrac{3}{x}\right)^{x} - x\sin\dfrac{2}{x} + \dfrac{1}{x}\sin x\right]=$_____。

3. 已知 $x\to 0$ 时，$\tan x - x$ 与 $Ax^{k}\,(A,k\in R)$ 为等价无穷小，则 $A=$____，$k=$____。

4. 已知 $f(x)=\dfrac{(x-1)(x-2)(x-3)}{(x-4)(x-5)(x-6)}$，则 $f'(1)=$_____。

5. 请将适当的函数填入下列横线上，使等式成立：d _____ $=\mathrm{e}^{f(x)}f'(x)\mathrm{d}x$。

6. 设 $f(x)=1+\dfrac{1}{1+e^{\frac{1}{x}}}$，则 $x=0$ 为 $f(x)$ 的（   ）。

A. 连续的点　　　B. 可去间断点　　　C. 跳跃间断点　　　D. 无穷间断点

7. 设 $f(x)$ 一阶可导，下面四个命题正确的是（   ）。

A. 若 $f(x)$ 只有一个零点，则 $f'(x)$ 必无零点；

B. 若 $f'(x)$ 至少有两个零点，则 $f(x)$ 必至少有两个零点；

C. 若 $f'(x)$ 无零点，则 $f(x)$ 至多有一个零点；

D. 若 $f(x)$ 无零点，则 $f'(x)$ 至多有一个零点。

8. 下列四个函数在给定的区间上满足罗尔定理条件的是（   ）。

A. $f(x)=x^2-5x+6$，$[2,3]$　　　　B. $f(x)=\sqrt[3]{(x-1)^2}$，$[0,2]$

C. $f(x)=xe^{-x}$，$[0,1]$　　　　D. $f(x)=\begin{cases} x+1, & x<1 \\ 1, & x\geqslant 1 \end{cases}$，$[0,3]$

附录 B.3 《微积分 I》期末考试样卷（一）

一、　极限题（共 4 题，每题 5 分，共 20 分）

1. $\lim\limits_{n\to\infty} n\left(\sqrt{n^2+1}-n\right)$。

2. $\lim\limits_{x\to 2}\left(\dfrac{x}{2}\right)^{\frac{1}{x-2}}$。

3. $\lim\limits_{x\to 0}\dfrac{x-\ln(1+x)}{x\sin x}$。

4. 若函数 $f(x)=\begin{cases}\dfrac{\sin(x^2-1)}{x+1}, & x\neq -1\\ a, & x=-1\end{cases}$ 在 $x=-1$ 处连续，求常数 a。

二、　导数题（共 3 题，每题 5 分，共 15 分）

1. $y = \cos^2 \dfrac{1}{x} + x^{\arctan x}$，求 y'。

2. 设函数 $y = f(x)$ 由方程 $x^2 - xy + y^3 = 1$ 所确定，求 $\dfrac{dy}{dx}$ 及 dy。

3. 设参数方程 $\begin{cases} x = t^2 + 1 \\ y = \displaystyle\int_1^t \sqrt{1+u^4}\,du \end{cases}$，求 $\dfrac{dy}{dx}$，并求曲线上在 $t = 1$ 相应点处的切线方程。

三、 积分题（共 4 题，每题 5 分，共 20 分）

1. $\int \dfrac{2x-1}{\sqrt{4-x^2}}\,\mathrm{d}x$。

2. $\int x\sin 2x\,\mathrm{d}x$。

3. 设函数 $f(x)=\begin{cases}\dfrac{1}{x^2+1}, & x\geqslant 0 \\[2mm] \dfrac{1}{1+\mathrm{e}^{-x}}, & x<0\end{cases}$，求 $\displaystyle\int_{-\ln 3}^{1}f(x)\,\mathrm{d}x$。

4. $\displaystyle\int_{\mathrm{e}}^{+\infty}\dfrac{1}{x\ln^2 x}\,\mathrm{d}x$。

四、 导数与积分应用题（共 2 大题，每大题 10 分，共 20 分）

1. 设函数 $y = xe^{-2x}$，求：

（1）函数在定义域上的最值；

（2）相应曲线的凹、凸区间及拐点。

2. 设平面图形由抛物线 $y = \sqrt{x-1}$ 及直线 $x = 0$，$y = 0$，$y = 1$ 所围成。求：

（1）该图形的面积；

（2）该图形绕 x 轴旋转一周而成的旋转体体积。

五、 级数题（共 2 题，第一题 5 分，第二题 10 分，共 15 分）

1. 讨论级数 $\sum_{n=1}^{\infty} \dfrac{n^n}{2^n n!}$ 的敛散性。

2. 求幂级数 $\sum_{n=0}^{\infty}(n+1)x^{n+1}$ 的收敛半径、收敛区间及和函数，并求级数 $\sum_{n=0}^{\infty}\dfrac{n+1}{3^n}$ 的值。

六、 证明题（共 2 题，每题 5 分，共 10 分）

1. 证明方程 $x^7 + x^3 - 1 = 0$ 在区间 $(0,1)$ 内有且只有一个实根。

2. 设函数 $f(x)$ 在区间 $[0,1]$ 上连续，且 $f(x) \neq 0$，证明：

$$\int_0^{\frac{\pi}{2}} \frac{f(\sin x)}{f(\sin x) + f(\cos x)} \mathrm{d}x = \int_0^{\frac{\pi}{2}} \frac{f(\cos x)}{f(\sin x) + f(\cos x)} \mathrm{d}x$$

并求其中一个积分的值。

附录 B.4 《微积分 I 》期末考试样卷（二）

1.（6 分）$\lim\limits_{x \to 0} \dfrac{\sqrt{1+x\sin 3x}-1}{x^2}$。

2.（6 分）$\lim\limits_{n \to +\infty} \left(\dfrac{n-2}{n+1}\right)^{n+1}$。

3.（6 分）$\lim\limits_{x \to 0} \left(\dfrac{1+x}{e^x-1} - \dfrac{1}{x}\right)$。

4.（6 分）设函数 $y = \arcsin\sqrt{x} + \displaystyle\int_0^{\sin x}\sqrt{1+t^4}\,\mathrm{d}t + \ln\pi$，求 $\dfrac{\mathrm{d}y}{\mathrm{d}x}$ 及 $\mathrm{d}y$。

5.（6分）设可导函数 $y=f(x)$ 由方程 $e^{2x+y}-xy^2-1=0$ 所确定，求 $\dfrac{dy}{dx}$，并求曲线 $y=f(x)$ 在 $x=0$ 处的切线方程。

6.（6分）设参数方程 $\begin{cases} x=t-\arctan t \\ y=t^3+1 \end{cases}$，求 $\dfrac{dy}{dx}$ 及 $\dfrac{d^2y}{dx^2}$。

7.（6分）求 $\displaystyle\int\left(\dfrac{1}{3^{2-x}}+x\sqrt{4+x^2}+\dfrac{\cos x}{\sin^2 x}\right)dx$。

8.（6分）求 $\int \dfrac{x+2}{x^2-4x+3}dx$。

9.（6分）求 $\int \sin 4\sqrt{x+1}dx$。

10.（6分）设函数 $f(x)=e^{x-x^2}$，

（1）求 $f(x)$ 在闭区间 $[0,2]$ 上的最大值和最小值；

（2）估计定积分 $\int_0^2 f(x)dx$ 值的范围。

11.（6分）证明：当 $x < 0$ 时，$x < \ln\left(x + \sqrt{1 + x^2}\right)$。

12.（6分）求曲线 $f(x) = x^2 - \dfrac{1}{x}$ 的凹凸区间及拐点坐标。

13.（10分）设平面图形由曲线 $y = \sin x$ 及直线 $y = \dfrac{4}{\pi}x$，$x = \pi$ 所围成，求：

（1）该图形的面积；

（2）该图形绕 x 轴旋转一周而成的旋转体体积。

14.（7分）判别下列级数的敛散性。

（1）$\displaystyle\sum_{n=1}^{\infty}\frac{2^n}{1+3^n}$；　　　　　　　　　（2）$\displaystyle\sum_{n=1}^{\infty}(-1)^n\frac{1}{\ln(n+1)}$。

15.（7分）将 $f(x)=\dfrac{1}{(x-2)(x+3)}$ 展开成 $(x-1)$ 的幂级数，并写出展开式成立的范围。

16.（4分）设函数 $f(x)$ 在闭区间 $[0,1]$ 上连续，在开区间 $(0,1)$ 内可导，且 $\left|f'(x)\right| \leqslant 1$，

证明：级数 $\displaystyle\sum_{n=1}^{\infty}\left[f\left(\frac{n-1}{n}\right)-f\left(\frac{n}{n+1}\right)\right]$ 绝对收敛。

附录 B.5　《微积分 I 》期末考试样卷（三）

1.（6分）设函数 $y = f(x)$ 是由方程 $x^2 + y = \tan(x - y)$ 所确定，且 $y(0) = 0$，求 $y'(0)$ 及 $y''(0)$。

2.（6分）设函数 $y = y(x)$ 是由参数方程 $x = \int_0^t 2e^{-s^2}\mathrm{d}s,\, y = \int_0^t \cos s^2 \mathrm{d}s$ 所确定，求 $y(x)$ 对 x 的二阶导数 $\dfrac{\mathrm{d}^2 y}{\mathrm{d}x^2}$ 在 $t = \sqrt{\pi}$ 处的值。

3.（6分）求极限 $\lim\limits_{x \to 0} \dfrac{\sqrt{1 + x^2} - \cos 2x}{x^2}$。

4.（6分）求极限 $\lim\limits_{x\to 0}\left(\dfrac{e^x-1}{x}\right)^{\frac{1}{x}}$。

5.（6分）求极限 $\lim\limits_{x\to 0}\left(\dfrac{1}{\sin^2 x}-\dfrac{1}{x^2}\right)$。

6.（6分）求积分 $\displaystyle\int_1^{+\infty}\dfrac{\ln(1+x)}{x^2}\mathrm{d}x$。

7.（6分）求积分 $\displaystyle\int_{-1}^{1}(2+x)^2\left(1-x^2\right)^{\frac{3}{2}}\mathrm{d}x$。

8.（6分）证明：当 $0 \leqslant x < +\infty$ 时 $\arctan 3x \leqslant \ln(1+4x)$，且仅当 $x=0$ 时成立等号。

9.（6分）设常数 $\alpha > 0$，讨论级数 $\sum\limits_{n=1}^{\infty} \dfrac{\ln n}{n^{1+2\alpha}}$ 的敛散性，并证明你的结论。

10.（10分）求幂级数 $\sum_{n=0}^{\infty} \dfrac{(-1)^n 4^n}{(2n+1)(2n+2)} x^{2n+2}$ 的收敛半径、收敛区间（指开区间）及收敛域（指收敛点的全体）；并求该幂级数在收敛区间内的和函数。

11.（10分）设常数 $a > 0$，函数 $f(x) = \dfrac{1}{3}ax^3 - x$，讨论并求出在闭区间 $\left[0, \dfrac{1}{a}\right]$ 上 $f(x)$ 的最大值与最小值。

12．（10分）设平面图形 A 是由曲线 $y^2 = 2x$ 与直线 $y = x$ 所围成的有限部分，求 A 绕直线 $x = 2$ 旋转一周所生成的旋转体体积。

13．（10分）证明如下所述的 " $\dfrac{0}{0}$ " 型洛必达（L'Hospital）法则。设

（1）$\lim\limits_{x \to x_0} f(x) = 0, \lim\limits_{x \to x_0} g(x) = 0$；

（2）存在 x_0 的某去心邻域 $\overset{0}{\bigcup}(x_0)$ ，当 $x \in \overset{0}{\bigcup}(x_0)$ 时 $f'(x)$ 与 $g'(x)$ 都存在，且 $g'(x) \ne 0$ ；

（3）$\lim\limits_{x \to x_0} \dfrac{f'(x)}{g'(x)} = A\,(或\infty)$；

则有 $\lim\limits_{x \to x_0} \dfrac{f(x)}{g(x)} = \lim\limits_{x \to x_0} \dfrac{f'(x)}{g'(x)}$　　（*）

（为节省时间，可只对于 $x \to x_0 + 0$ （即 $x \to x_0^+$）的情形证明。）

并请举例说明，若条件（3）不成立，但 $\lim\limits_{x \to x_0} \dfrac{f(x)}{g(x)}$ 却可以存在，即：(*) 式的左边存在推不出 (*) 式的右边必存在。

14.（6分）设 $f(x)=-\cos\pi x+(2x-3)^3+\dfrac{1}{2}(x-1)$，讨论方程 $f(x)=0$ 正好有多少个不同的实根，证明你的结论。

附录 B.6 《微积分 I 》期末考试样卷（四）

1.（6分）设函数 $f(x)=(x-1)(x^2-2)(x^3-3)\cdots(x^{100}-100)$，求 $f'(1)$。

2.（6分）设函数 $y=y(x)$ 是由参数方程 $\begin{cases} x=t^3+3t+1 \\ y=t^3-3t+2 \end{cases}$ 所确定，求曲线 $y=y(x)$ 的凹凸区间（用 t 的区间表示，并且也用 x 的区间表示）；并请求出拐点坐标（用点 (x,y) 来表示）。

3.（6分）设函数 $y=y(x)$ 是由方程 $x^2=\int_0^{y-x} e^{-t^2}\,\mathrm{d}t$ 所确定，求曲线 $y=y(x)$ 在 $x=0$ 处的曲率半径。

4.（6分）求极限 $\lim\limits_{x \to 0}\left(\dfrac{1}{x^2} - \dfrac{\cos^2 x}{\sin^2 x}\right)$。

5.（6分）设函数 $f(x) = \lim\limits_{n \to \infty} \dfrac{x^{2n+1} + (a-1)x^n + 1}{x^{2n} - ax^n + 1}$ 在区间 $(0, +\infty)$ 上连续，求常数 a 的值。

6.（6分）求曲线 $y = \dfrac{1}{x} + \dfrac{x}{1 - \mathrm{e}^x}$ 的所有渐近线方程。

7.（6分）求定积分 $\int_{-2}^{2}(x-1)^2\sqrt{4-x^2}\,\mathrm{d}x$。

8.（6分）计算反常积分 $\int_{1}^{+\infty}\dfrac{\arctan x}{x^3}\,\mathrm{d}x$。

9.（6分）设常数 $a>0$，$a_n=\int_{0}^{\frac{1}{n}}\sqrt{a+x^n}\,\mathrm{d}x$，讨论级数 $\sum_{n=1}^{\infty}(-1)^n a_n$ 是条件收敛、绝对收敛、发散、还是敛散性与 a 有关？请给出论证。

10.（10分）设 $f(x) = (1 + \sin 2x)^{\frac{1}{x}}$ （当 $x \neq 0$ 时），且在 $x = 0$ 处 $f(x)$ 连续，求 $f(0)$ 及曲线 $y = f(x)$ 在其上点 $x = 0$ 处的切线方程。

11.（10分）摆线 L 的参数方程 $\begin{cases} x = a(t - \sin t) \\ y = a(1 - \cos t) \end{cases}$，$0 \leqslant t \leqslant 2\pi$，$a$ 为正常数，L 与 x 轴所围成的图形为 D，求 D 绕水平直线 $y = 2a$ 一周生成的旋转体体积。

12. （10分）求幂级数 $\sum\limits_{n=0}^{\infty} \dfrac{4n^2+4n+3}{2n+1} x^{2n}$ 的收敛半径、收敛区间（指开区间）及收敛域（指收敛点的全体），并求收敛区间上的和函数。

13. （10分）

（1）设 $0 < x < +\infty$，证明存在 η，$0 < \eta < 1$，使 $\sqrt{x+1} - \sqrt{x} = \dfrac{1}{2\sqrt{x+\eta}}$；

（2）求出 η 关于 x 的函数 $\eta = \eta(x)$ 的具体表达式，并确定当 $0 < x < +\infty$ 时，函数 $\eta(x)$ 的值域。

14.（6分）

（1）证明 $\displaystyle\int_0^{2\pi}\frac{\sin x}{x}\,\mathrm{d}x>0$；

（2）设 α 是满足 $0<\alpha<\dfrac{\pi}{2}$ 的常数，证明 $\displaystyle\int_0^{2\pi}\frac{\sin x}{x}\,\mathrm{d}x>\sin\alpha\cdot\ln\left[\frac{\pi^2-\alpha^2}{(2\pi-\alpha)\alpha}\right]$

附录 C.1 习题答案

第 1 章习题答案

1．（1）$-\dfrac{1}{\sqrt{x}}(x>0)$；（2）$x^{2}-2(|x|\geqslant 2)$；（3）$1-2x+\dfrac{x}{1-x}(0\leqslant x<1)$；（4）

$\dfrac{1-(x-2)^{4}}{(x-2)^{2}}(1\leqslant x\leqslant 3$ 且 $x\neq 2)$。

2．$\left\{x\left|\dfrac{1}{4}\leqslant x\leqslant 1\right.\right\}$。

3．$\left\{\sqrt{\dfrac{\pi}{2}}\leqslant x\leqslant\sqrt{\dfrac{3\pi}{2}}\right\}\cup\left\{-\sqrt{\dfrac{3\pi}{2}}\leqslant x\leqslant-\sqrt{\dfrac{\pi}{2}}\right\}$。

4．（1）偶；（2）奇。

5．（1）（2）严格减函数；（3）（4）严格增函数；（5）（6）（7）均不一定为单调函数。例如设 $f(x)=x$，$g(x)=-x$，可说明（5）（6）（7）均不单调。

6．（1）在 $(0,1)$ 内无上界，有下界。（2）在 $[\delta,1)$ 内上下均有界。

7．（1）$x=\ln\left(y+\sqrt{1+y^{2}}\right)(-\infty<y<+\infty)$；（2）$x=\begin{cases}\ln y,0<y\leq 1\\ -\dfrac{1}{y},-\infty<y<0\end{cases}$。

8．（1）$-\dfrac{\pi}{4}$；（2）$\dfrac{2\pi}{3}$；（3）$-\dfrac{\pi}{2}$；（4）$\dfrac{\pi}{4}$；（5）$-\dfrac{\pi}{14}$；（6）$\dfrac{12}{13}$。

第 2 章习题答案

1．$A_{n}=\dfrac{n-1}{n}$；$\lim\limits_{n\to\infty}A_{n}=1$。

2．（1）0；（2）1；（3）不收敛；（4）0；（5）$\dfrac{1}{2}$。

3．（1）0；（2）不存在；（3）-1；（4）不存在；（5）0；（6）1。

4．（1）$f(0-0)=-\dfrac{\pi}{2}$，$f(0+0)=\dfrac{\pi}{2}$，$\lim\limits_{x\to 0}f(x)$ 不存在；（2）0。

5．（1）无穷小；（2）无穷大；（3）无穷小；（4）不是无穷小，也不是无穷大；（5）无穷大，或更确切的为 $+\infty$；（6）无穷小。

6．（1）$-\dfrac{1}{3}$；（2）0；（3）0；（4）∞。

7．（1）1；（2）$\dfrac{a-1}{2a}$；（3）$-\dfrac{3}{4}$；（4）0；（5）∞；（6）2^{-30}；（7）$-\dfrac{1}{2}$；（8）1。

8. （1）1；（2）0；（3）∞；（4）不存在也不是无穷大。

9. （1）$\dfrac{1}{2\pi}$；（2）$\dfrac{3}{5}$；（3）e^{-1}；（4）e^{4}；（5）e^{2a}；（6）$\mathrm{e}^{-\frac{1}{a}}$。

10. （1）-2；（2）1；（3）0；（4）$\sqrt{\mathrm{e}}$；（5）1；（6）$\dfrac{1}{4}$；（7）$\dfrac{1}{4}$。

11. （1）$A=\dfrac{1}{2}$，$k=3$；（2）$A=1$，$k=3$；（3）$A=1$，$k=2$。

12. $x=0$ 为无穷间断点，$x=1$ 为跳跃间断点。

13. $a=\pi$，$b=-\dfrac{\pi}{2}$。

14. 命 $\varphi(x)=f(x)-1+x$，对 $\varphi(x)$ 在区间 $[0,1]$ 上用介值定理。

第 3 章习题答案

1. $f'(0)=1$。

2. $f'(0)=\dfrac{4}{3}$。

3. $a=2$，$b=1$。

4. （1）$2f'(x_0)$；（2）$-f'(0)$；（3）$\mathrm{e}^{\frac{f'(x_0)}{f(x_0)}}$。

5. 切点 $(\mathrm{e},1)$，切线方程为 $y=\dfrac{x}{\mathrm{e}}$。

6. （1）$y'=\dfrac{1}{3}-\dfrac{1}{3}x^{-2}-\dfrac{4}{3}x^{-3}$；（2）$y'=2x\sin x+x^2\cos x+2\tan x+2x\sec^2 x$；（3）$y'=x^2\mathrm{e}^x+x\mathrm{e}^x-\mathrm{e}^x$；（4）$y'=\dfrac{-(3x^2+4)\sin x-6x\cos x}{(3x^2+4)^2}$；（5）$y'=\dfrac{x}{\sqrt{1-x^2}}+\arcsin x$；

（6）$y'=2x\arctan x+\dfrac{x^2}{1+x^2}+\sec^2 x$。

7. （1）$y'=4(7x^3+2x-1)^3(21x^2+2)$；（2）$y'=\dfrac{-57x^2+47x-7}{(x^2-x+1)^{11}}$；（3）$y'=\dfrac{-(x+1)}{(x^2+2x+3)^{\frac{3}{2}}}$；（4）$y'=\dfrac{\cos x}{2\sqrt{\sin x}}+\dfrac{1}{2\sqrt{x}}\cos\sqrt{x}$；（5）$y'=-\dfrac{12\sin 4x\cos 4x}{\sqrt{1+3\cos^2 4x}}$；（6）$y'=\dfrac{\cos^2 x+3\sin^2 x}{\cos^4 x}$；（7）$y'=\sec^2 x+2x\sec^2 x\tan x-2\sec^2 2x$；（8）$y'=\mathrm{e}^{\mathrm{e}^x}\mathrm{e}^x+\mathrm{e}^{x^{\mathrm{e}}}\mathrm{e}x^{\mathrm{e}-1}+\mathrm{e}^{\mathrm{e}}x^{\mathrm{e}^{\mathrm{e}}-1}$；（9）$y'=\dfrac{1}{\sqrt{x^2+1}}$；（10）$y'=\csc x$；（11）$y'=\dfrac{6(1-\cos x)^2\sin x}{(1+\cos x)^4}$；（12）

$y' = \dfrac{a}{a^2 + x^2}$；（13）$y' = 2e^x \sqrt{1 - e^{2x}}$；（14）$y' = 2\cos\ln x$；（15）$y' = \arctan x$；（16）

$y' = \dfrac{4xe^{2x}}{(1 + 2x)^2}$；（17）$y' = \arccos x$；（18）$y' = \dfrac{1}{8\cos^2\dfrac{x}{2} + 2\sin^2\dfrac{x}{2}}$。

8．（1）$y' = \ln(1 - x^2) - \dfrac{2x^2}{1 - x^2}$；$y'' = \dfrac{2x^3 - 6x}{(1 - x^2)^2}$；（2）$y' = \dfrac{1}{2\sqrt{x - x^2}}$；$y'' = \dfrac{2x - 1}{4(x - x^2)^{\frac{3}{2}}}$.

9．（1）$y' = f'(\sin^2 3x)3\sin 6x$；$y'' = 9\sin^2 6x \cdot f''(\sin^2 3x) + 18\cos 6x \cdot f'(\sin^2 3x)$；

（2）$y' = 2e^{f(2x)}f'(2x)$；$y'' = 4e^{f(2x)}\left[(f'(2x))^2 + f''(2x)\right]$。

10．（1）$f^{(n)}(x) = \dfrac{n!(-1)^n}{4}\left[(x - 3)^{-n-1} - (x + 1)^{-n-1}\right]$；（2）$f^{(n)}(x) =$

$2^n x^2 \sin\left(\dfrac{n\pi}{2} + 2x\right) + n2^n x \sin\left(\dfrac{n-1}{2}\pi + 2x\right) + n(n-1)2^{n-2}\sin\left(\dfrac{n-2}{2}\pi + 2x\right)$。

11.（1）$\dfrac{dy}{dx} = -\dfrac{2x + y}{x + 3y^2}$；（2）$\dfrac{dy}{dx} = -\dfrac{\sin(x + y) + y\cos x}{\sin(x + y) + \sin x}$；（3）$\left.\dfrac{dy}{dx}\right|_{x=0} = \dfrac{1}{6}$，$\left.\dfrac{d^2 y}{dx^2}\right|_{x=0} = \dfrac{1}{3}$。

12．（1）$y' = \dfrac{1}{3}\left(\dfrac{1}{x} + \dfrac{1}{x+1} - \dfrac{2x}{x^2+1}\right)$；（2）$y' = \left(1 + \dfrac{1}{x}\right)^x\left[\ln\left(1 + \dfrac{1}{x}\right) - \dfrac{1}{x+1}\right]$；（3）$y' =$

$\dfrac{\sqrt{x+2}(3-x)^4}{(x+1)^5}\left[\dfrac{1}{2(x+2)} - \dfrac{4}{3-x} - \dfrac{5}{x+1}\right]$；（4）$y' = x^x(\ln x + 1) + x^{\frac{1}{x}-2}(1 - \ln x)$。

13．（1）$dy = -\dfrac{dx}{|x|\sqrt{x^2-1}}$；（2）$dy = \dfrac{-4\sin 2x \cdot \ln(1 + \cos 2x)}{1 + \cos 2x}dx$；（3）$dy =$

$\dfrac{2\sin x}{(1 + \cos x)^2}dx$；（4）$dy = de^{\sin x \ln x} = x^{\sin x}\left(\dfrac{\sin x}{x} + \cos x \cdot \ln x\right)dx$。

14．（1）$dy = \dfrac{ay - x^2}{y^2 - ax}dx$，$\dfrac{dy}{dx} = \dfrac{ay - x^2}{y^2 - ax}$；（2）$dy = \dfrac{e^{x+y} - y}{x - e^{x+y}}dx$，$\dfrac{dy}{dx} = \dfrac{e^{x+y} - y}{x - e^{x+y}}$。

第 4 章习题答案

1．对于 $f(x) = a_0 x^n + a_1 x^{n-1} + \cdots + a_{n-1}x$ 在区间 $[0, x_0]$ 上用罗尔定理。

2．用两次罗尔定理。

3．令 $f(x) = x^n + nx - 1$，对 $f(x)$ 在区间 $[0, 1]$ 上用介值定理，得到至少存在一个根。

又当 $x > 0$ 时，有 $f'(x) > 0$，则至多有一个根。

4．（1）2；（2）1；（3）$-\dfrac{1}{4}$；（4）$\dfrac{1}{3}$；（5）$\dfrac{1}{2}$；（6）1；（7）$-\dfrac{1}{2}$。

5．（1）$[-3,-2]$ 上单调递减，$[-2,+\infty)$ 上单调递增；（2）$(-1,0]$ 上单调递减，$(0,+\infty)$ 上单调递增；（3）$(-\infty,-1]$ 上单调递减，$(-1,0]$ 上单调递增，$(0,+\infty)$ 上单调递增。

6．（1）极小值：$y|_{x=0}=1$；（2）极大值：$y|_{x=1}=\dfrac{1}{e}$；（3）极大值：$y|_{x=-1}=-2$，极小值：$y|_{x=1}=2$。

7．$\max f(x)=f(0)=3$，$\min f(x)=f(\pm2)=-13$。

8．略。

9．（1）在 $\left(-\infty,\dfrac{5}{3}\right)$ 内为凸，在 $\left(\dfrac{5}{3},+\infty\right)$ 内为凹，拐点 $\left(\dfrac{5}{3},\dfrac{110}{27}\right)$；（2）在 $(-\infty,-1)$ 内为凹，在 $(-1,0)$ 内为凸，在 $(0,+\infty)$ 内为凹，拐点 $(-1,0)$。

10．$a=-\dfrac{3}{2}$，$b=\dfrac{9}{2}$；在 $(-\infty,1)$ 内为凹，在 $(1,+\infty)$ 内为凸。

11．（1）$x=0$ 与 $y=1$；（2）$y=\dfrac{\pi}{4}$。

12．（1）$-\dfrac{1}{12}$；（2）$\dfrac{1}{3}$。

第 5 章习题答案

1．（1）$\dfrac{2}{7}x^{\frac{7}{2}}-2x+\ln|x|+C$；（2）$-\dfrac{1}{x}-\arctan x+C$；（3）$e^x-x+C$；（4）$\tan x-x+C$；（5）$\sin x-\cos x+C$；（6）$\tan x+C$；（7）$\dfrac{x}{2}+\dfrac{1}{2}\sin x+C$；（8）$x-\dfrac{1}{3}x^3+\arctan x+C$。

2．$y=-x^2+8x-8$。

3．$\displaystyle\int f(x)\,dx=\begin{cases}e^x+C,&x\leqslant0\\\sin x+1+C,&x>0\end{cases}$。

4．（1）$\dfrac{1}{2}\arcsin\dfrac{2}{3}x+C$；（2）$\dfrac{1}{2}\tan(2x-1)+C$；（3）$-\dfrac{1}{8}\ln|9-4x^2|+C$；（4）$-\dfrac{1}{4}\sqrt{9-4x^2}+C$；（5）$\sin x-\dfrac{1}{3}\sin^3x+C$；（6）$\dfrac{1}{2}\tan^2x+C$；（7）$\ln|\ln x|+C$；（8）$x+\dfrac{1}{2}\ln\left|\dfrac{1+x}{1-x}\right|+2\arcsin x+C$；（9）$\dfrac{1}{2}\ln(1+e^{2x})+C$；（10）$-\dfrac{1}{2}\ln(e^{-2x}+1)+C$；（11）$\dfrac{1}{2}(\arcsin x)^2+C$；（12）$\ln|\arcsin x|+C$；（13）$\dfrac{1}{4}\ln(1+x^4)+C$；（14）$\dfrac{1}{2}\arctan x^2+C$；（15）$\cos\dfrac{1}{x}+C$；（16）$2e^{\sqrt{x}}+C$；（17）$\arctan(x-1)+C$；（18）$\dfrac{1}{2}\sec^2x+C$；（19）$\dfrac{1}{2}\ln(1+\sin^2x)+C$；（20）$2\arctan\sqrt{x}+C$。

5.（1）$\dfrac{2}{5}(x-4)^{\frac{5}{2}}+\dfrac{8}{3}(x-4)^{\frac{3}{2}}+C$；（2）$\dfrac{(x+1)^{102}}{102}-\dfrac{(x+1)^{101}}{101}+C$；（3）$2\sqrt{x}+3\sqrt[3]{x}+6\sqrt[6]{x}+6\ln\left|\sqrt[6]{x}-1\right|+C$；（4）$\dfrac{x}{2}\sqrt{4-x^2}+2\arcsin\dfrac{x}{2}+C$；（5）$\dfrac{1}{2}\ln\left(2x+\sqrt{1+4x^2}\right)+C$；（6）$\dfrac{1}{3}\arccos\dfrac{3}{2x}+C$；（7）$\dfrac{2}{3}(e^x+1)^{\frac{3}{2}}-2(e^x+1)^{\frac{1}{2}}+C$；（8）$\arcsin x-\dfrac{x}{1+\sqrt{1-x^2}}+C$。

6.（1）$\dfrac{1}{2}x\sin 2x+\dfrac{1}{4}\cos 2x+C$；（2）$-(x^2+2x+2)e^{-x}+C$；（3）$x\arctan x-\dfrac{1}{2}\ln(1+x^2)+C$；（4）$x\ln(1+x^2)-2x+2\arctan x+C$；（5）$\dfrac{1}{2}\ln|\sec x+\tan x|+\dfrac{1}{2}\sec x\tan x+C$；（6）$\dfrac{x^2}{4}-\dfrac{1}{4}x\sin 2x-\dfrac{1}{8}\cos 2x+C$；（7）$\dfrac{1}{2}(x^2-1)e^{x^2}+C$；（8）$\dfrac{xe^x}{e^x+1}-\ln(1+e^x)+C$。

7.（1）$\dfrac{1}{8}\ln\left|\dfrac{x-3}{x+5}\right|+C$；（2）$4\ln(x^2+2x+5)-\dfrac{21}{2}\arctan\dfrac{x+1}{2}+C$；（3）$\dfrac{1}{4}\ln\left|\dfrac{1+x}{1-x}\right|-\dfrac{1}{2}\arctan x+C$；（4）$\sqrt{2x+x^2}-\ln\left|x+1+\sqrt{2x+x^2}\right|+C$；（5）$-\dfrac{1}{3}(4x-x^2)^{\frac{3}{2}}+(x-2)(4x-x^2)^{\frac{1}{2}}+4\arcsin\dfrac{x-2}{2}+C$；（6）$\tan x-\sec x+C$。

8. $e^{-x}\left(1+\dfrac{3}{x}+\dfrac{3}{x^2}\right)+C$。

第6章习题答案

1.（1）＞；（2）＜；（3）＞；（4）＜；（5）＜；（6）＞。

2.（1）$\dfrac{5}{12}\pi$；（2）$\dfrac{1}{2}\ln\dfrac{5}{8}$；（3）$\dfrac{5}{2}$；（4）$4\sqrt{2}$。

3. $\dfrac{3}{2}-e^{-1}$。

4.（1）$\dfrac{506}{375}$；（2）6π；（3）$\dfrac{\pi}{4}$；（4）$\dfrac{133}{40}$。

5.（1）$\dfrac{\pi}{2}-1$；（2）2；（3）$2\left(1-\dfrac{1}{e}\right)$。

6.（1）$\dfrac{3\pi}{4}$；（2）$\dfrac{16}{15}$；（3）$\dfrac{243\pi}{4}$。

7. a。

8.（1）$2x\sqrt{1+x^8}$；（2）$\displaystyle\int_0^x f(t)\mathrm{d}t$；（3）$f(x)$。

9. $\dfrac{1}{3}$。

10. （1）$\dfrac{1}{2}$；（2）π；（3）$1-\ln 2$；（4）发散。

11. （1）$\dfrac{3}{2}-\ln 2$；（2）$\dfrac{32}{3}$。

12. $\dfrac{\mathrm{e}}{2}-1$。

13. （1）$V_y=(\mathrm{e}-2)\pi$，$V_{y=\mathrm{e}}=\left(2\mathrm{e}-\dfrac{1}{2}\mathrm{e}^2-\dfrac{1}{2}\right)\pi$；（2）$V_x=\dfrac{16}{15}\pi$，$V_y=\dfrac{8}{3}\pi$。

第 7 章习题答案

1. （1）$\dfrac{\mathrm{d}y}{\mathrm{d}x}=\dfrac{t}{2}$，$\dfrac{\mathrm{d}^2y}{\mathrm{d}x^2}=\dfrac{1+t^2}{4t}$；（2）$\dfrac{4}{5}$；（3）$\dfrac{\mathrm{d}y}{\mathrm{d}x}=t$，$\dfrac{\mathrm{d}^2y}{\mathrm{d}x^2}=\dfrac{1}{f''(t)}$。

2. $y=x$。

3. $\sqrt{3}x+y-3=0$。

4. $\dfrac{1}{2}\left[3\sqrt{10}+\ln\left(3+\sqrt{10}\right)\right]$。

5. $\dfrac{a}{2}\pi^2$。

6. $\dfrac{1}{a}\dfrac{1}{\sqrt{8}}\dfrac{1}{\sqrt{1-\cos t}}\bigg|_{t=\frac{\pi}{2}}=\dfrac{1}{2\sqrt{2}a}$。

7. $G\rho^2\ln\dfrac{(l+a)^2}{(2l+a)a}$。

8. （1）当 $0<p<12$ 时，R 随 p 单调递增，$p>12$ 时，R 随 p 单调递减；（2）$R_{\max}=R_{p=12}=72$。

第 8 章习题答案

1. （1）收敛，和为 $\dfrac{3}{2}$；（2）收敛，和为 $\dfrac{1}{2}$；（3）发散。

2. （1）收敛；（2）发散；（3）发散；（4）收敛；（5）收敛。

3. （1）发散；（2）收敛；（3）发散。

4. （1）发散；（2）收敛；（3）发散。

5. （1）条件收敛；（2）发散；（3）绝对收敛；（4）发散。

6. （1）$R=2,(-2,2),[-2,2)$；（2）$R=3,(-2,4),[-2,4)$；（3）$R=2,(-1,3),[-1,3]$。

7. （1）$\ln\dfrac{1+x}{1-x}=2\sum\limits_{n=1}^{\infty}\dfrac{x^{2n-1}}{2n-1},x\in(-1,1)$；

（2）$\dfrac{1}{1+x-2x^2}=\dfrac{1}{3}\sum\limits_{n=0}^{\infty}\left[(-1)^n 2^{n+1}+1\right]x^n,x\in\left(-\dfrac{1}{2},\dfrac{1}{2}\right)$；

（3） $\dfrac{1}{x^2}=\dfrac{1}{3^2}\displaystyle\sum_{n=0}^{\infty}(-1)^n\dfrac{n+1}{3^n}(x-3)^n, x\in(0,6)$;

（4） $\ln(10-x)=\ln 10-\displaystyle\sum_{n=1}^{\infty}\dfrac{x^n}{n\cdot 10^n}, x\in[-10,10)$。

8. （1） $s(x)=\dfrac{2}{(1-x)^3}, x\in(-1,1)$; （2） $s(x)=\begin{cases}-1+\dfrac{1}{2x}\ln\dfrac{1+x}{1-x}, & x\in(-1,1)\text{且}x\neq 0\\ 0, & x=0\end{cases}$。

附录 C.2　提高题答案

极限与连续提高题答案

1.（1）解：原式 $= \lim\limits_{x \to +\infty} \dfrac{\sqrt{1 + \sqrt{\dfrac{1}{x} + \dfrac{1}{x^{\frac{3}{2}}}}}}{\sqrt{1 + \dfrac{1}{\sqrt{x}}}} = 1$。

（2）解：原式 $= \lim\limits_{x \to 0} \dfrac{(1 + x\sin x)^{\frac{1}{2}} - 1}{x^2} = \lim\limits_{x \to 0} \dfrac{\frac{1}{2} x\sin x}{x^2} = \dfrac{1}{2}$。

（3）解：原式 $= \lim\limits_{x \to +\infty} \dfrac{\ln 3^x + \ln(3^{-x} + 1)}{\ln 2^x + \ln(2^{-x} + 1)} = \lim\limits_{x \to +\infty} \dfrac{x\ln 3 + \ln(3^{-x} + 1)}{x\ln 2 + \ln(2^{-x} + 1)} =$

$\lim\limits_{x \to +\infty} \dfrac{\ln 3 + \dfrac{1}{x}\ln(3^{-x} + 1)}{\ln 2 + \dfrac{1}{x}\ln(2^{-x} + 1)} = \dfrac{\ln 3}{\ln 2}$。

（4）解：原式 $= \lim\limits_{x \to 0} \dfrac{1}{1 + \cos x}\left(\dfrac{3\sin x}{x} + x\cos\dfrac{1}{x}\right) = \dfrac{3}{2}$。

（5）解：原式 $= \lim\limits_{x \to 0}\left[\left(1 + \dfrac{e^x + e^{4x} + e^{10x} - 3}{3}\right)^{\frac{3}{e^x + e^x + e^x - 3}}\right]^{\frac{e^x + e^x + e^x - 3}{3x}}$，由于

$\lim\limits_{x \to 0} \dfrac{e^x + e^x + e^x - 3}{3x} = \lim\limits_{x \to 0} \dfrac{1}{3}\left(\dfrac{e^x - 1}{x} + \dfrac{e^{4x} - 1}{x} + \dfrac{e^{10x} - 1}{x}\right) = \dfrac{1}{3}(1 + 4 + 10) = 5$

所以原式 $= e^5$。

（6）解：原式 $= \lim\limits_{x \to 0} \dfrac{\ln(1 + 1 - \cos x)}{x^2} = \lim\limits_{x \to 0} \dfrac{1 - \cos x}{x^2} = \lim\limits_{x \to 0} \dfrac{\frac{1}{2} x^2}{x^2} = \dfrac{1}{2}$。

（7）解：原式 $= \lim\limits_{x \to 0}\left[(1 + \cos x - 1)^{\frac{1}{\cos x - 1}}\right]^{\frac{\cos x - 1}{\ln(1 + x^2)}} = e^{-\frac{1}{2}}$。

（8）解：原式 $= \lim\limits_{x \to 0^+} \dfrac{1 - \cos x}{x \cdot \dfrac{1}{2}(\sqrt{x})^2 \cdot (1 + \sqrt{\cos x})} = \lim\limits_{x \to 0^+} \dfrac{\frac{1}{2} x^2}{\frac{1}{2} x^2 (1 + \sqrt{\cos x})} = \dfrac{1}{2}$。

（9）解：原式 $= \lim\limits_{x\to 0}\dfrac{1}{x^3}\left[e^{x\ln\left(\frac{2+\cos x}{3}\right)}-1\right] = \lim\limits_{x\to 0}\dfrac{1}{x^3}\cdot x\ln\left(\dfrac{2+\cos x}{3}\right) =$

$$\lim\limits_{x\to 0}\dfrac{\ln\left(1+\dfrac{\cos x-1}{3}\right)}{x^2} = \lim\limits_{x\to 0}\dfrac{\dfrac{\cos x-1}{3}}{x^2} = \lim\limits_{x\to 0}\dfrac{-\dfrac{1}{2}x^2}{3x^2} = -\dfrac{1}{6}\text{。}$$

（10）解：原式 $= \lim\limits_{x\to 0}\dfrac{e\left(1-e^{\cos x-1}\right)}{\left(1+x^2\right)^{\frac{1}{3}}-1} = \lim\limits_{x\to 0}\dfrac{-e\left(\cos x-1\right)}{\dfrac{1}{3}x^2} = \lim\limits_{x\to 0}\dfrac{e\cdot\dfrac{1}{2}x^2}{\dfrac{1}{3}x^2} = \dfrac{3}{2}e\text{。}$

（11）解：原式 $= \lim\limits_{x\to 0}\left\{\left[1+\left(\sin^2 x+\cos x-1\right)\right]^{\frac{1}{\sin^2 x+\cos x-1}}\right\}^{\frac{\sin^2 x+\cos x-1}{x^2}}$，由于

$$\lim\limits_{x\to 0}\dfrac{\sin^2 x+\cos x-1}{x^2} = \lim\limits_{x\to 0}\dfrac{\sin^2 x}{x^2}+\lim\limits_{x\to 0}\dfrac{\cos x-1}{x^2} = 1-\dfrac{1}{2} = \dfrac{1}{2}$$

所以原式 $= e^{\frac{1}{2}}$。

（12）解：原式 $= \lim\limits_{x\to +\infty}\left\{\left[1+2\left(e^{\frac{x}{x^2+1}}-1\right)\right]^{\frac{1}{2\left(e^{\frac{x}{x^2+1}}-1\right)}}\right\}^{\frac{2\left(e^{\frac{x}{x^2+1}}-1\right)\cdot\left(x^2+1\right)}{x}}$，由于

$$\lim\limits_{x\to +\infty}\dfrac{2\left(e^{\frac{x}{x^2+1}}-1\right)\cdot\left(x^2+1\right)}{x} = \lim\limits_{x\to +\infty}\dfrac{2\left(\dfrac{x}{x^2+1}\right)\cdot\left(x^2+1\right)}{x} = 2$$

所以原式 $= e^2$。

2．解：由于

$$\lim\limits_{x\to\infty}\left(\dfrac{x+2a}{x-a}\right)^x = \lim\limits_{x\to\infty}\left[\left(1+\dfrac{3a}{x-a}\right)^{\frac{x-a}{3a}}\right]^{\frac{3ax}{x-a}} = e^{3a} = 8$$

所以 $3a = \ln 8 = \ln 2^3 = 3\ln 2$，则 $a = \ln 2$。

3．（1）解：由

$$\lim\limits_{x\to +\infty}\left(\sqrt{x^2+2x+3}+ax+b\right) = 2$$

可得 $a<0$，又

$$\lim\limits_{x\to +\infty}\left(\sqrt{x^2+2x+3}+ax+b\right) = \lim\limits_{x\to +\infty}\dfrac{\left(x^2+2x+3\right)-\left(ax+b\right)^2}{\sqrt{x^2+2x+3}-\left(ax+b\right)}$$

$$= \lim\limits_{x\to +\infty}\dfrac{\left(1-a^2\right)x^2+\left(2-2ab\right)x+\left(3-b^2\right)}{\sqrt{x^2+2x+3}-ax-b} = 2$$

要使上式成立，必须有 $\begin{cases} 1-a^2=0 \\ \dfrac{2-2ab}{1-a}=2 \end{cases}$，且 $a<0$，因此 $a=-1$，$b=1$。

（2）解：令 $x=-u$，则原式 $=\lim\limits_{u\to+\infty}\left(\sqrt{u^2-2u+3}-au+b\right)=2$，与（1）类似，可得 $a=1$，$b=3$。

4．解：因为

$$\frac{n^2}{n^2+n\pi}\leqslant n\left(\frac{1}{n^2+\pi}+\frac{1}{n^2+2\pi}+\cdots+\frac{1}{n^2+n\pi}\right)\leqslant\frac{n^2}{n^2+\pi}$$

而

$$\lim_{n\to\infty}\frac{n^2}{n^2+n\pi}=\lim_{n\to\infty}\frac{1}{1+\dfrac{\pi}{n}}=1，\quad \lim_{n\to\infty}\frac{n^2}{n^2+\pi}=\lim_{n\to\infty}\frac{1}{1+\dfrac{\pi}{n^2}}=1$$

因此 $\lim\limits_{n\to\infty}n\left(\dfrac{1}{n^2+\pi}+\dfrac{1}{n^2+2\pi}+\cdots+\dfrac{1}{n^2+n\pi}\right)=1$。

5．[分析]：如果数列极限存在，记

$$\lim_{n\to\infty}x_n=x$$

则

$$x=2-\frac{1}{x}\Rightarrow x=1$$

由于

$$x_1=2,\quad x_2=\frac{3}{2},\cdots$$

而其极限为 1，故数列应该单调递减且有下界 1。

下面用数学归纳法证明该数列单调递减且有下界 1。

解：（1）$x_1=2>1$，假设 $x_n>1$，则 $x_{n+1}=2-\dfrac{1}{x_n}>1$，因此 $\{x_n\}$ 有下界 1。

（2）由于 $x_2<x_1$，假设 $x_n<x_{n-1}$，则 $x_{n+1}-x_n=\left(2-\dfrac{1}{x_n}\right)-\left(2-\dfrac{1}{x_{n-1}}\right)=\dfrac{x_n-x_{n-1}}{x_nx_{n-1}}<0$，

即 $x_{n+1}<x_n$，因此 $\{x_n\}$ 单调递减。

由（1）（2）可得，数列 $\{x_n\}$ 单调递减且有下界，故 $\{x_n\}$ 收敛。

令 $\lim\limits_{n\to+\infty}x_n=x$，等式 $x_{n+1}=2-\dfrac{1}{x_n}$ 两边同时求极限，可得 $x=2-\dfrac{1}{x}$，即 $x=1$。

6．解：$\lim\limits_{x\to0}\dfrac{\sqrt{1+\dfrac{1}{x}f(x)}-1}{x^2}=C$，由

$$\lim_{x\to0}x^2=0，\quad C \text{ 为常数}$$

知

$$\lim_{x\to 0}\left(\sqrt{1+\frac{1}{x}f(x)}-1\right)=0$$

必有

$$\lim_{x\to 0}\frac{f(x)}{x}=0$$

从而

$$\lim_{x\to 0}\frac{\sqrt{1+\frac{1}{x}f(x)}-1}{x^2}=\lim_{x\to 0}\frac{\frac{1}{x}f(x)}{x^2\left(\sqrt{1+\frac{1}{x}f(x)}+1\right)}=\lim_{x\to 0}\frac{f(x)}{2x^3}=C\ \ （常数）$$

得

$$\lim_{x\to 0}\frac{f(x)}{2Cx^3}=1$$

即

$$f(x)\sim 2Cx^3$$

所以 $k=3$，$\tau=2C$。

7. 解：由 $f(x)$ 在点 $x=0$ 处连续，有

$$\lim_{x\to 0}f(x)=\lim_{x\to 0}\frac{\sin 2x+e^{2ax}-1}{x}=\lim_{x\to 0}\left(\frac{\sin 2x}{x}+2a\cdot\frac{e^{2ax}-1}{2ax}\right)=2+2a=f(0)=a$$

所以 $a=-2$。

8. 解：（1）当 $0<x\leqslant e$ 时，有

$$f(x)=\lim_{n\to\infty}\frac{\ln(e^n+x^n)}{n}=\lim_{n\to\infty}\frac{\ln\left\{e^n\left[1+\left(\frac{x}{e}\right)^n\right]\right\}}{n}=\lim_{n\to\infty}\frac{n+\ln\left[1+\left(\frac{x}{e}\right)^n\right]}{n}=$$

$$1+\lim_{n\to\infty}\frac{\ln\left[1+\left(\frac{x}{e}\right)^n\right]}{n}=1$$

当 $x>e$ 时，有

$$f(x)=\lim_{n\to\infty}\frac{\ln(e^n+x^n)}{n}=\lim_{n\to\infty}\frac{\ln\left\{x^n\left[1+\left(\frac{e}{x}\right)^n\right]\right\}}{n}=\lim_{n\to\infty}\frac{n\ln x+\ln\left[1+\left(\frac{e}{x}\right)^n\right]}{n}=\ln x$$

即 $f(x)=\begin{cases}1,&0<x\leqslant e\\ \ln x,&x>e\end{cases}$。

（2）在 $x=e$ 处，$\lim_{x\to e^-}f(x)=1$，$\lim_{x\to e^+}f(x)=1$，又 $f(e)=1$，从而 $f(x)$ 在 $x=e$ 处连续，故 $f(x)$ 在 $(0,+\infty)$ 上连续。

9. 证明：由 $f(x)$ 在闭区间 $[a,b]$ 上连续，则 $f(x)$ 在 $[a,b]$ 上一定能取到最小值 m，最

大值 M，即 $f\left([a,b]\right)=[m,M]$。

又

$$x_1,x_2,\cdots,x_n\in[a,b]$$

有

$$m\le f(x_1)\le M, \ m\le f(x_2)\le M, \ \cdots, m\le f(x_n)\le M$$

又

$$\lambda_i>0\,(i=1,2,\cdots,n)$$

且

$$\lambda_1+\lambda_2+\cdots+\lambda_n=1$$

于是

$$m=m(\lambda_1+\lambda_2+\cdots+\lambda_n)\le\lambda_1 f(x_1)+\lambda_2 f(x_2)+\cdots+\lambda_n f(x_n)\le(\lambda_1+\lambda_2+\cdots+\lambda_n)M$$

即

$$\lambda_1 f(x_1)+\lambda_2 f(x_2)+\cdots+\lambda_n f(x_n)\in[m,M]$$

所以至少存在一点 $\xi\in[a,b]$，使 $\lambda_1 f(x_1)+\lambda_2 f(x_2)+\cdots+\lambda_n f(x_n)=f(\xi)$。

导数与微分提高题答案

1．解：

$$f_-'(0)=\lim_{\Delta x\to0^-}\frac{f(0+\Delta x)-f(0)}{\Delta x}=\lim_{\Delta x\to0^-}\frac{\dfrac{\Delta x}{1+\mathrm{e}^{\frac{1}{\Delta x}}}}{\Delta x}=\lim_{\Delta x\to0^-}\frac{1}{1+\mathrm{e}^{\frac{1}{\Delta x}}}=1$$

$$f_+'(0)=\lim_{\Delta x\to0^+}\frac{f(0+\Delta x)-f(0)}{\Delta x}=\lim_{\Delta x\to0^+}\frac{\dfrac{2\Delta x}{1+\mathrm{e}^{\Delta x}}}{\Delta x}=\lim_{\Delta x\to0^+}\frac{2}{1+\mathrm{e}^{\Delta x}}=1$$

于是

$$f_-'(0)=f_+'(0)=1$$

所以函数在点 $x=0$ 处的导数存在，且 $f'(0)=1$。

2．解：（1）$F(x)$ 在点 $x=0$ 处连续，有

$$\lim_{x\to0}F(x)=\lim_{x\to0}\frac{\mathrm{e}^x\sin x}{x}=1=F(0)=a$$

所以 $a=1$。

（2）由

$$F'(0)=\lim_{x\to0}\frac{F(x)-F(0)}{x-0}=\lim_{x\to0}\frac{\dfrac{\mathrm{e}^x\sin x}{x}-1}{x}=\lim_{x\to0}\frac{\mathrm{e}^x\sin x-x}{x^2}=\lim_{x\to0}\frac{\mathrm{e}^x\sin x+\mathrm{e}^x\cos x-1}{2x}=$$

$$\lim_{x\to0}\frac{2\mathrm{e}^x\cos x}{2}=1$$

所以

$$F'(x)=\begin{cases}\dfrac{x\left(e^x\sin x+e^x\cos x\right)-e^x\sin x}{x^2}, & x\neq 0\\[2ex] 1, & x=0\end{cases}$$

而

$$\lim_{x\to 0}\frac{x\left(e^x\sin x+e^x\cos x\right)-e^x\sin x}{x^2}=\lim_{x\to 0}\frac{2xe^x\cos x}{2x}=1$$

所以 $F'(x)$ 在 $(-\infty,+\infty)$ 上是连续的。

3. 解：（1）当 $\alpha\leqslant 0$ 时，因为 $\lim\limits_{x\to 0}f(x)=\lim\limits_{x\to 0}x^\alpha\sin\dfrac{1}{x}$ 不存在，所以 $f(x)$ 在点 $x=0$ 处间断；

（2）当 $\alpha>0$ 时，因为 $\lim\limits_{x\to 0}f(x)=\lim\limits_{x\to 0}x^\alpha\sin\dfrac{1}{x}=0=f(0)$，所以 $f(x)$ 在 $x=0$ 处连续；

（3）当 $0<\alpha\leqslant 1$ 时，因为 $\lim\limits_{x\to 0}\dfrac{f(x)-f(0)}{x}=\lim\limits_{x\to 0}x^{\alpha-1}\sin\dfrac{1}{x}$ 不存在，所以 $f(x)$ 在 $x=0$ 处不可导；

（4）当 $\alpha>1$ 时，因为 $\lim\limits_{x\to 0}f(x)=\dfrac{f(x)-f(0)}{x}=\lim\limits_{x\to 0}x^{\alpha-1}\sin\dfrac{1}{x}=0$，所以 $f(x)$ 在 $x=0$ 处可导，并且 $f'(0)=0$。

4. 解：$\lim\limits_{x\to\infty}\left[f\left(\dfrac{1}{x}\right)\right]^x=\lim\limits_{x\to\infty}\left\{\left[1+\left(f\left(\dfrac{1}{x}\right)-1\right)\right]^{\frac{1}{f\left(\frac{1}{x}\right)-1}}\right\}^{\frac{f\left(\frac{1}{x}\right)-1}{\frac{1}{x}}}$，由于

$$\lim_{x\to\infty}\frac{f\left(\dfrac{1}{x}\right)-1}{\dfrac{1}{x}}=\lim_{x\to\infty}\frac{f\left(\dfrac{1}{x}\right)-f(0)}{\dfrac{1}{x}}=f'(0)=2$$

所以原式 $=e^2$。

5. 解：$\lim\limits_{x\to 0}\dfrac{x^2 f(x)-2f(x^3)}{x^3}=\lim\limits_{x\to 0}\dfrac{f(x)-f(0)}{x}-2\lim\limits_{x\to 0}\dfrac{f(x^3)-f(0)}{x^3}=f'(0)-2f'(0)=-f'(0)=-2$。

6. 证明：$f(x)$，$g(x)$ 在 $x=0$ 处可导，且 $f'(0)=1$，$g'(0)=0$。$f'(0)=\lim\limits_{x\to 0}\dfrac{f(x)-f(0)}{x}$，$f(0)=0$，$f'(0)=1$，即

$$\lim_{x\to 0}\frac{f(x)}{x}=1$$

$g'(0)=\lim\limits_{x\to 0}\dfrac{g(x)-g(0)}{x}$，$g(0)=1$，$g'(0)=0$，即

$$\lim_{x\to 0}\frac{g(x)-1}{x}=0$$

对任意 x，y，由 $f(x+y)=f(x)g(y)+f(y)g(x)$ 得

$$f'(x)=\lim_{\Delta x\to 0}\frac{f(x+\Delta x)-f(x)}{\Delta x}=\lim_{\Delta x\to 0}\frac{f(x)g(\Delta x)+f(\Delta x)g(x)-f(x)}{\Delta x}=$$

$$\lim_{\Delta x\to 0}\left[\frac{f(x)\left[g(\Delta x)-1\right]}{\Delta x}+\frac{f(\Delta x)g(x)}{\Delta x}\right]=f(x)\cdot 0+1\cdot g(x)=g(x)$$

即 $f'(x)=g(x)$。

7. 解法一：按定义求。

$$f'(1)=\lim_{x\to 1}\frac{f(x)-f(1)}{x-1}=\lim_{x\to 1}\frac{f(x)}{x-1}=\lim_{x\to 1}\frac{(x-1)(x^2-2)(x^3-3)\cdots(x^{100}-100)}{x-1}=$$

$$\lim_{x\to 1}(x^2-2)(x^3-3)\cdots(x^{100}-100)=(-1)(-2)\cdots(-99)=-(99!)$$

解法二：按公式求。

$$f'(x)=(x-1)'(x^2-2)(x^3-3)\cdots(x^{100}-100)+(x-1)\left[(x^2-2)(x^3-3)\cdots(x^{100}-100)\right]'$$

将 $x=1$ 代入，得 $f'(1)=(1-2)(1-3)\cdots(1-100)=(-1)(-2)\cdots(-99)=-(99!)$。

8. 解：$y'=\dfrac{1}{2}\sec^2\dfrac{x}{2}+\dfrac{1}{\tan\dfrac{x}{2}}\left(\tan\dfrac{x}{2}\right)'+\dfrac{1}{2\sqrt{\ln\tan\dfrac{x}{2}}}\left(\ln\tan\dfrac{x}{2}\right)'=\dfrac{1}{2}\sec^2\dfrac{x}{2}+$

$$\dfrac{1}{2\tan\dfrac{x}{2}}\sec^2\dfrac{x}{2}+\dfrac{1}{2\sqrt{\ln\tan\dfrac{x}{2}}}\dfrac{1}{2\tan\dfrac{x}{2}}\sec^2\dfrac{x}{2}=\dfrac{1}{2}\sec^2\dfrac{x}{2}+\dfrac{\sec^2\dfrac{x}{2}}{2\tan\dfrac{x}{2}}+\dfrac{\sec^2\dfrac{x}{2}}{4\sqrt{\ln\tan\dfrac{x}{2}}\tan\dfrac{x}{2}}。$$

9. 解：$y'=e^x\sqrt{1-e^{2x}}+e^x\dfrac{1}{2\sqrt{1-e^{2x}}}(-2e^{2x})+\dfrac{e^x}{\sqrt{1-e^{2x}}}=\dfrac{e^x-e^{3x}-e^{3x}+e^x}{\sqrt{1-e^{2x}}}=$

$2e^x\sqrt{1-e^{2x}}$。

10. 解：

$$\frac{\mathrm{d}y}{\mathrm{d}x}=2\arcsin\left(\frac{\sin\sqrt{x}+\cos\sqrt{x}}{2}\right)\cdot\frac{1}{\sqrt{1-\left(\dfrac{\sin\sqrt{x}+\cos\sqrt{x}}{2}\right)^2}}\cdot\frac{1}{2}\left(\frac{\cos\sqrt{x}}{2\sqrt{x}}-\frac{\sin\sqrt{x}}{2\sqrt{x}}\right)=$$

$$\frac{\arcsin\left(\dfrac{\sin\sqrt{x}+\cos\sqrt{x}}{2}\right)}{\sqrt{3-\sin 2\sqrt{x}}}\cdot\frac{(\cos\sqrt{x}-\sin\sqrt{x})}{\sqrt{x}}$$

11. 解：$\dfrac{\mathrm{d}y}{\mathrm{d}x}=f'\left[\phi^2(x)+\varphi^2(x)\right]\cdot\left[2\phi(x)\cdot\phi'(x)+2\varphi(x)\cdot\varphi'(x)\right]$。

12．解：$\dfrac{\mathrm{d}y}{\mathrm{d}x}=f'\left[f\left(\sin\dfrac{x}{2}\right)\right]\cdot f'\left(\sin\dfrac{x}{2}\right)\cdot\left(\cos\dfrac{x}{2}\right)\cdot\dfrac{1}{2}$。

13．解：$\dfrac{\mathrm{d}y}{\mathrm{d}x}=\left[\mathrm{e}^{\ln(1+\ln x)^{f^2(\cos x)}}\right]'=\left[\mathrm{e}^{f^2(\cos x)\ln(1+\ln x)}\right]'=$

$(1+\ln x)^{f^2(\cos x)}[2f(\cos x)\cdot f'(\cos x)(-\sin x)\ln(1+\ln x)+f^2(\cos x)\cdot\dfrac{1}{1+\ln x}\cdot\dfrac{1}{x}]$。

14．证明：$f(x)=\varphi_1(x)\varphi_2(x)\cdots\varphi_n(x)$ 两边取对数得

$$\ln f(x)=\ln\varphi_1(x)+\ln\varphi_2(x)+\cdots+\ln\varphi_n(x)$$

$\varphi_i(x)(i=1,2,\cdots,n)$ 可导，且 $\varphi_i(x)\neq0$，方程两边同时对 x 求导得

$$\dfrac{1}{f(x)}\cdot f'(x)=\dfrac{1}{\varphi_1(x)}\cdot\varphi_1'(x)+\dfrac{1}{\varphi_2(x)}\cdot\varphi_2'(x)+\cdots+\dfrac{1}{\varphi_n(x)}\cdot\varphi_n'(x)$$

即

$$f'(x)=f(x)\left[\dfrac{\varphi_1'(x)}{\varphi_1(x)}+\dfrac{\varphi_2'(x)}{\varphi_2(x)}+\cdots+\dfrac{\varphi_n'(x)}{\varphi_n(x)}\right]$$

证毕。

15．解：$y=\dfrac{x}{x^2-3x+2}=\dfrac{x}{(x-2)(x-1)}=\dfrac{2}{x-2}-\dfrac{1}{x-1}=2(-1)^n\dfrac{n!}{(x-2)^{n+1}}-$

$(-1)^n\dfrac{n!}{(x-1)^{n+1}}=(-1)^n n!\left[\dfrac{2}{(x-2)^{n+1}}-\dfrac{1}{(x-1)^{n+1}}\right]$。

16．解：由

$$y'=\ln x+x\cdot\dfrac{1}{x}=\ln x+1,\quad y''=\dfrac{1}{x}=x^{-1}$$

所以 $y^{(n)}=\left(x^{-1}\right)^{(n-2)}=(-1)^{n-2}(n-2)!\dfrac{1}{x^{n-1}}=(-1)^n\dfrac{(n-2)!}{x^{n-1}}(n\geqslant2)$。

17．解：等式两边对 x 求导得

$$\left[\arctan\dfrac{y}{x}\right]'=\left[\dfrac{1}{2}\ln\left(x^2+y^2\right)\right]'$$

即

$$\dfrac{1}{1+\left(\dfrac{y}{x}\right)^2}\cdot\dfrac{x\cdot y'-y}{x^2}=\dfrac{2x+2y\cdot y'}{2\left(x^2+y^2\right)}$$

得到 $\dfrac{x\cdot y'-y}{x^2+y^2}=\dfrac{x+y\cdot y'}{x^2+y^2}$，所以 $\dfrac{\mathrm{d}y}{\mathrm{d}x}=y'=\dfrac{x+y}{x-y}$。

18．解：等式两边对 x 求导得

$$y'=\sec^2(x-y)(1-y')$$

所以

$$y' = \frac{\sec^2(x-y)}{1+\sec^2(x-y)}$$

利用三角恒等式得

$$y' = \frac{1+y^2}{2+y^2} = 1 - \frac{1}{2+y^2}$$

所以 $\dfrac{d^2 y}{dx^2} = y'' = \dfrac{2y \cdot y'}{\left(2+y^2\right)^2} = \dfrac{2y}{\left(2+y^2\right)^2} \cdot \dfrac{1+y^2}{2+y^2} = \dfrac{2\tan(x-y)\sec^2(x-y)}{\left(1+\sec^2(x-y)\right)^3}$。

19. 解：等式两边对 x 求导得

$$e^y \cdot y' + 6(y + xy') + 2x = 0 \quad (1)$$

两边对 x 求导得

$$e^y \cdot (y')^2 + e^y \cdot y'' + 6y' + 6y' + 6xy'' + 2 = 0 \quad (2)$$

由原方程知 $e^{y(0)} = 1$，得

$$y(0) = 0$$

将 $y(0) = 0$，$x = 0$ 代入式（1）得

$$y'(0) = 0$$

将 $y'(0) = 0$，$y(0) = 0$，$x = 0$ 代入式（2）得

$$y''(0) = -2$$

20. 解：方程两边同时求微分得：

$$d\left[\cos(xy)\right] = d\left(x^2 y^2\right)$$

$$-\sin(xy)d(xy) = y^2 d\left(x^2\right) + x^2 d\left(y^2\right)$$

即

$$-\sin(xy)\left(ydx + xdy\right) = 2xy^2 dx + 2yx^2 dy$$

$$-\left[x\sin(xy) + 2yx^2\right]dy = \left[2xy^2 + y\sin(xy)\right]dx$$

故 $dy = -\dfrac{2xy^2 + y\sin(xy)}{x\sin(xy) + 2yx^2}dx$。

21. 解：当 $x < 1$ 时，因为 $\lim\limits_{n \to \infty} e^{n(x-1)} = 0$，所以 $f(x) = ax + b$；当 $x = 1$ 时，

$f(x) = \dfrac{a+b+1}{2}$；当 $x > 1$ 时，$f(x) = \lim\limits_{n \to \infty} \dfrac{x^2 + (ax+b)e^{n(1-x)}}{1 + e^{n(1-x)}} = x^2$；故有

$$f(x) = \begin{cases} ax + b, & x < 1 \\ \dfrac{a+b+1}{2}, & x = 1 \\ x^2, & x > 1 \end{cases}$$

由连续，得 $\lim\limits_{x \to 1^+} f(x) = 1 = f(1) = \dfrac{a+b+1}{2}$，得 $a + b = 1$。又 $f_-'(1) = a$，$f_+'(1) = 2$。

由此得 $a=2$，$b=-1$。所以 $f'(x)=\begin{cases} 2, & x\leqslant 1 \\ 2x, & x>1 \end{cases}$。

微分学的基本定理与导数的应用提高题答案

1．证明：要证原等式成立，只要证：方程 $f'(x)+f(x)-1=0$ 在 $(0,2)$ 内有根，即方程
$$\left[f(x)-1\right]'+\left[f(x)-1\right]=0 \text{ 有根。}$$

令
$$F(x)=\mathrm{e}^x\left[f(x)-1\right]$$

则
$$F(0)=-1，\ F(1)=0，\ F(2)=-\mathrm{e}^2$$

由于 $F(x)$ 在 $[0,2]$ 上连续，因此 $F(x)$ 在 $[0,2]$ 内存在最大值，又
$$F(1)>F(0)，\ F(1)>F(2)$$

因此 $F(x)$ 在 $(0,2)$ 内取得最大值，不妨令 $\exists\xi\in(0,2)$，使得
$$F(\xi)=\max_{0\leqslant x\leqslant 2}F(x)$$

根据费马定理，$F'(\xi)=0$，即 $\exists\xi\in(0,2)$，使得
$$f'(\xi)+f(\xi)=1$$

2．证明：要证原等式成立，只要证 $\dfrac{\left(1+\xi^2\right)f'(\xi)-2\xi f(\xi)}{\left(1+\xi^2\right)^2}=0$ 成立，即只要证

$$\left[\frac{\left(1+x^2\right)f'(x)-2xf(x)}{\left(1+x^2\right)^2}\right]_{x=\xi}=0 \text{ 成立，只要证 } \left[\frac{f(x)}{1+x^2}\right]'_{x=\xi}=0 \text{ 成立。设 } F(x)=\frac{f(x)}{1+x^2}，$$

则只要证 $F'(\xi)=0$ 成立。

由 $F(x)$ 在 $[0,2]$ 上连续，在 $(0,2)$ 上可导，又 $F(0)=f(0)=\dfrac{f(2)}{5}=\dfrac{f(2)}{1+2^2}=F(2)$，

根据罗尔定理，至少存在一点 $\xi\in(0,2)$，使 $F'(\xi)=0$，因为每一步可逆，所以原等式成立。

3．解：原式 $=\lim\limits_{x\to 0}\dfrac{\ln(1+x)-\sin x}{-\dfrac{1}{3}x^2}=\lim\limits_{x\to 0}\dfrac{\dfrac{1}{1+x}-\cos x}{-\dfrac{2}{3}x}=\lim\limits_{x\to 0}\dfrac{-\dfrac{1}{(1+x)^2}+\sin x}{-\dfrac{2}{3}}=\dfrac{3}{2}$。

4．解：原式 $=\lim\limits_{x\to 0}\mathrm{e}^{\ln\left(\frac{\mathrm{e}^x-1}{x}\right)^{\frac{1}{x}}}=\lim\limits_{x\to 0}\mathrm{e}^{\frac{\ln\left(\frac{\mathrm{e}^x-1}{x}\right)}{x}}=\mathrm{e}^{\lim\limits_{x\to 0}\frac{\ln\left(1+\frac{\mathrm{e}^x-1-x}{x}\right)}{x}}=\mathrm{e}^{\lim\limits_{x\to 0}\frac{\mathrm{e}^x-1-x}{x^2}}=\mathrm{e}^{\lim\limits_{x\to 0}\frac{\mathrm{e}^x-1}{2x}}=\mathrm{e}^{\frac{1}{2}}$。（注：

分子 $\ln\left(1+\dfrac{\mathrm{e}^x-1-x}{x}\right)\sim\dfrac{\mathrm{e}^x-1-x}{x}，x\to 0$。）

5. 解：原式 $= \lim\limits_{x \to 0} \dfrac{x^2 - \sin^2 x}{x^2 \sin^2 x} = \lim\limits_{x \to 0} \dfrac{x^2 - \sin^2 x}{x^4} = \lim\limits_{x \to 0} \dfrac{2x - 2\sin x \cos x}{4x^3} =$

$\lim\limits_{x \to 0} \dfrac{2 - 2\cos^2 x + 2\sin^2 x}{12x^2} = \lim\limits_{x \to 0} \dfrac{4\sin^2 x}{12x^2} = \dfrac{1}{3}$。

6. 解法一：原式 $= \lim\limits_{x \to 0} \dfrac{\sin^2 x - x^2 \cos^2 x}{x^2 \sin^2 x} = \lim\limits_{x \to 0} \dfrac{\sin^2 x - x^2 \cos^2 x}{x^4} =$

$\lim\limits_{x \to 0} \dfrac{\sin 2x - 2x\cos^2 x + x^2 \sin 2x}{4x^3} = \lim\limits_{x \to 0} \dfrac{2\cos 2x - 2\cos^2 x + 4x\sin 2x + 2x^2 \cos 2x}{12x^2} =$

$\lim\limits_{x \to 0} \dfrac{-4\sin 2x + 6\sin 2x + 12x\cos 2x - 4x^2 \sin 2x}{24x} = \lim\limits_{x \to 0} \left(\dfrac{\sin 2x}{12x} + \dfrac{1}{2}\cos 2x - \dfrac{x\sin 2x}{6} \right) =$

$\dfrac{1}{6} + \dfrac{1}{2} = \dfrac{2}{3}$。

解法二：利用带佩亚诺余项的泰勒公式，有

$$\sin^2 x = \left[x - \dfrac{1}{6}x^3 + o(x^3) \right]^2 = x^2 - \dfrac{1}{3}x^4 + o_1(x^4)$$

$$x^2 \cos^2 x = x^2 \left[1 - \dfrac{1}{2}x^2 + o(x^2) \right]^2 = x^2 - x^4 + o_2(x^4)$$

则

$$\lim\limits_{x \to 0} \left(\dfrac{1}{x^2} - \dfrac{\cos^2 x}{\sin^2 x} \right) = \lim\limits_{x \to 0} \dfrac{\sin^2 x - x^2 \cos^2 x}{x^2 \sin^2 x} = \lim\limits_{x \to 0} \dfrac{\sin^2 x - x^2 \cos^2 x}{x^4} =$$

$$\lim\limits_{x \to 0} \dfrac{x^2 - \dfrac{1}{3}x^4 + o_1(x^4) - x^2 + x^4 - o_2(x^4)}{x^4} = \lim\limits_{x \to 0} \dfrac{\dfrac{2}{3}x^4 + o(x^4)}{x^4} = \dfrac{2}{3}$$

7. 解：原式 $= \lim\limits_{x \to 0} \dfrac{e^x + \dfrac{1}{x-1}}{1 - \dfrac{1}{1+x^2}} = \lim\limits_{x \to 0} \dfrac{1+x^2}{x-1} \cdot \dfrac{e^x(x-1)+1}{x^2} = -\lim\limits_{x \to 0} \dfrac{e^x(x-1)+1}{x^2} =$

$-\lim\limits_{x \to 0} \dfrac{e^x(x-1)+e^x}{2x} = -\lim\limits_{x \to 0} \dfrac{e^x \cdot x}{2x} = -\dfrac{1}{2}$。

8. 解：原式 $= \lim\limits_{x \to 0} \dfrac{x - \sin x}{2x^3} = \lim\limits_{x \to 0} \dfrac{1 - \cos x}{6x^2} = \lim\limits_{x \to 0} \dfrac{\dfrac{1}{2}x^2}{6x^2} = \dfrac{1}{12}$。

9. 解：原式 $= \lim\limits_{x \to 1} \dfrac{1 - x^x(\ln x + 1)}{-1 + \dfrac{1}{x}} = \lim\limits_{x \to 1} \dfrac{x\left[1 - x^x(\ln x + 1)\right]}{1 - x} = \lim\limits_{x \to 1} \dfrac{1 - x^x(\ln x + 1)}{1 - x} \cdot 1 =$

$\lim\limits_{x \to 1} \dfrac{-\left[x^x(\ln x + 1)^2 + x^x \cdot \dfrac{1}{x} \right]}{-1} = 2$。

10. 解：令 $u=\dfrac{1}{x}$，$\lim\limits_{x\to\infty}\left[x-x^2\ln\left(1+\dfrac{1}{x}\right)\right]=\lim\limits_{u\to 0}\left[\dfrac{1}{u}-\dfrac{\ln(1+u)}{u^2}\right]=\lim\limits_{u\to 0}\dfrac{u-\ln(1+u)}{u^2}=$

$\lim\limits_{u\to 0}\dfrac{1-\dfrac{1}{1+u}}{2u}=\lim\limits_{u\to 0}\dfrac{u}{2u(1+u)}=\dfrac{1}{2}$。

11. 解：原式 $=\lim\limits_{x\to+\infty}\tan^x\left(\dfrac{\pi}{4}+\dfrac{2}{x}\right)$，令 $u=\dfrac{2}{x}$，有

$\lim\limits_{x\to+\infty}\tan^x\left(\dfrac{\pi}{4}+\dfrac{2}{x}\right)=\lim\limits_{u\to 0^+}\tan^{\frac{2}{u}}\left(\dfrac{\pi}{4}+u\right)=\mathrm{e}^{\lim\limits_{u\to 0^+}\frac{2\ln\tan\left(\frac{\pi}{4}+u\right)}{u}}=\mathrm{e}^{\lim\limits_{u\to 0^+}\frac{2}{\tan\left(\frac{\pi}{4}+u\right)}\sec^2\left(\frac{\pi}{4}+u\right)}=\mathrm{e}^4$

12. 解法一：原式 $=\lim\limits_{x\to 0}\dfrac{x\mathrm{e}^x-\sin x-x^2}{\dfrac{1}{2}x^2\cdot(3x)}=\lim\limits_{x\to 0}\dfrac{\mathrm{e}^x+x\mathrm{e}^x-\cos x-2x}{\dfrac{9}{2}x^2}=$

$\lim\limits_{x\to 0}\dfrac{(x+2)\mathrm{e}^x+\sin x-2}{9x}=\dfrac{1}{9}\lim\limits_{x\to 0}\left[\mathrm{e}^x+\dfrac{\sin x}{x}+\dfrac{2(\mathrm{e}^x-1)}{x}\right]=\dfrac{4}{9}$。

解法二：利用带佩亚诺余项的泰勒公式，原式 $=\lim\limits_{x\to 0}\dfrac{x\mathrm{e}^x-\sin x-x^2}{\dfrac{1}{2}x^2\cdot(3x)}=$

$\lim\limits_{x\to 0}\dfrac{x\left[1+x+\dfrac{x^2}{2}+o_1\left(x^2\right)\right]-\left[x-\dfrac{1}{6}x^3+o_2\left(x^3\right)\right]-x^2}{\dfrac{3}{2}x^3}=\lim\limits_{x\to 0}\dfrac{\dfrac{2}{3}x^3+o\left(x^3\right)}{\dfrac{3}{2}x^3}=\dfrac{4}{9}$。

13. 解：由

$$\lim\limits_{x\to 0}\left(2\arctan x-\ln\dfrac{1+x}{1-x}\right)=0$$

得

$$\lim\limits_{x\to 0}x^p=0$$

可知

$$p>0$$

于是

$$\lim\limits_{x\to 0}\dfrac{2\arctan x-\ln\dfrac{1+x}{1-x}}{x^p}\left(\dfrac{0}{0}\right)=\lim\limits_{x\to 0}\dfrac{\dfrac{2}{1+x^2}-\dfrac{1}{1+x}-\dfrac{1}{1-x}}{px^{p-1}}=\lim\limits_{x\to 0}\dfrac{-4x^2}{px^{p-1}\left(1-x^4\right)}=$$

$$\lim\limits_{x\to 0}\dfrac{-4x^2}{px^{p-1}}=C\neq 0$$

因此 $2=p-1$，得 $p=3$，$C=-\dfrac{4}{3}$。

14. 解：原式 $= e^{\lim\limits_{x\to\frac{\pi}{4}}\frac{\ln\tan x}{\cot 2x}\left(\frac{0}{0}\right)} = e^{\lim\limits_{x\to\frac{\pi}{4}}\frac{\frac{1}{\tan x}\sec^2 x}{-2\csc^2 2x}} = e^{\lim\limits_{x\to\frac{\pi}{4}}\frac{\sin^2 2x}{-2\sin x\cos x}} = e^{\lim\limits_{x\to\frac{\pi}{4}}\frac{\sin^2 2x}{-\sin 2x}} = e^{\lim\limits_{x\to\frac{\pi}{4}}(-\sin 2x)} = e^{-1}$ 。

15. 解：原式 $= e^{\lim\limits_{x\to\frac{\pi}{2}^-}\frac{\ln\tan x}{\frac{1}{2x-\pi}}\left(\frac{\infty}{\infty}\right)} = e^{\lim\limits_{x\to\frac{\pi}{2}^-}\frac{\frac{1}{\tan x}\sec^2 x}{-\frac{2}{(2x-\pi)^2}}} = e^{\lim\limits_{x\to\frac{\pi}{2}^-}\frac{(2x-\pi)^2}{-2\sin x\cos x}} = e^{\lim\limits_{x\to\frac{\pi}{2}^-}\frac{(2x-\pi)^2}{-\sin 2x}} = e^{\lim\limits_{x\to\frac{\pi}{2}^-}\frac{4(2x-\pi)}{-2\cos 2x}} =$ $e^0 = 1$ 。

16. 证明：记 $f(x) = (1+x)\ln(1+x) - \arctan x$ ，有
$$f(0) = 0$$

当 $x \geqslant 0$ 时，有
$$f'(x) = \ln(1+x) + 1 - \frac{1}{1+x^2} = \ln(1+x) + \frac{x^2}{1+x^2} \geqslant 0$$

所以 $f(x)$ 在 $x \geqslant 0$ 时单调递增。

从而当 $x \geqslant 0$ 时，有
$$f(x) \geqslant f(0) = 0$$

即
$$(1+x)\ln(1+x) \geqslant \arctan x$$

17. 证明：令 $f(x) = \tan x - x - \frac{1}{3}x^3$ ，有 $f(0) = 0$ ，而
$$f'(x) = \sec^2 x - 1 - x^2 = \tan^2 x - x^2 = (\tan x + x)(\tan x - x)$$

当 $0 < x < \frac{\pi}{2}$ 时，$\tan x + x > 0$ ，记
$$g(x) = \tan x - x$$

则有 $g(0) = 0$ ，又
$$g'(x) = \sec^2 x - 1 = \tan^2 x > 0$$

所以 $g(x)$ 单调递增。

从而当 $0 < x < \frac{\pi}{2}$ 时，有
$$g(x) > g(0) = 0$$

从而 $f'(x) > 0$ ，$f(x)$ 单调递增，故 $f(x) > f(0) = 0$ ，$x \in \left(0, \frac{\pi}{2}\right)$ ，证毕。

18. 解：（1）因为 $\lim\limits_{x\to 0} y = \lim\limits_{x\to 0}\left(\frac{1}{x} + \frac{x}{1-e^x}\right) = \infty$ ，所以 $x = 0$ 是一条垂直渐近线；

（2）因为 $\lim\limits_{x\to+\infty} y = \lim\limits_{x\to+\infty}\left(\frac{1}{x} + \frac{x}{1-e^x}\right) = 0$ ，所以 $y = 0$ 是一条沿 $x \to +\infty$ 方向的水平渐近线；

（3）因为 $\lim\limits_{x\to-\infty}\frac{y}{x} = \lim\limits_{x\to-\infty}\left(\frac{1}{x^2} + \frac{1}{1-e^x}\right) = 1$ ，$\lim\limits_{x\to-\infty}(y-x) = \lim\limits_{x\to-\infty}\left(\frac{1}{x} + \frac{x}{1-e^x} - x\right) =$

$\lim\limits_{x \to -\infty} \left(\dfrac{1}{x} + \dfrac{xe^x}{1-e^x} \right) = 0$，所以 $y = x$ 是一条沿 $x \to -\infty$ 方向的斜渐近线；

总之，共有三条渐近线，分别是 $x = 0$，$y = 0$，$y = x$。

19．解：（1）因为 $\lim\limits_{x \to 0} y = \lim\limits_{x \to 0} \dfrac{1+\mathrm{e}^{-x^2}}{1-\mathrm{e}^{-x^2}} = \infty$，所以 $x = 0$ 是一条垂直渐近线；

（2）因为 $\lim\limits_{x \to \infty} \dfrac{y}{x} = \lim\limits_{x \to \infty} \dfrac{1+\mathrm{e}^{-x^2}}{x\left(1-\mathrm{e}^{-x^2}\right)} = 0$，$\lim\limits_{x \to \infty} y = \lim\limits_{x \to \infty} \dfrac{1+\mathrm{e}^{-x^2}}{1-\mathrm{e}^{-x^2}} = 1$，所以 $y = 1$ 是一条沿

$x \to \infty$ 方向的水平渐近线；

总之，共有两条渐近线，分别是 $x = 0$，$y = 1$。

20．解：$f(x)$ 在 $x = 0$ 处二阶可导，将 $f(x)$，$\sin x$ 分别在 $x = 0$ 处按佩亚诺余项泰勒公式展开有

$$f(x) = f(0) + f'(0)x + \frac{f''(0)}{2!}x^2 + o_1(x^2)$$

$$\sin x = x - \frac{1}{3!}x^3 + o_2(x^3)$$

因为

$$\sin x + xf(x) = x - \frac{x^3}{6} + o_2(x^3) + xf(0) + x^2 f'(0) + x^3 \frac{f''(0)}{2} + o_1(x^3) =$$

$$\left(1 + f(0)\right)x + f'(0)x^2 + \left(\frac{f''(0)}{2} - \frac{1}{6}\right)x^3 + o(x^3)$$

而

$$\lim_{x \to 0} \frac{\sin x + xf(x)}{x^3} = 0$$

从而

$$1 + f(0) = 0, \quad f'(0) = 0, \quad \frac{f''(0)}{2} - \frac{1}{6} = 0$$

即

$$f(0) = -1, \quad f'(0) = 0, \quad f''(0) = \frac{1}{3}$$

21．解：$f(x)$ 在 $x = a$ 处二阶可导，将 $f(x)$ 在 $x = a$ 处按佩亚诺余项泰勒公式展开至 $n = 2$，有

$$f(x) = f(a) + f'(a)(x-a) + \frac{f''(0)}{2!}(x-a)^2 + o\left((x-a)^2\right)$$

于是

$$\frac{1}{f'(a)(x-a)} - \frac{1}{f(x)-f(a)} =$$

$$\frac{1}{f'(a)(x-a)} - \frac{1}{f'(a)(x-a)+\frac{f''(a)}{2!}(x-a)^2+o\left((x-a)^2\right)} =$$

$$\frac{f'(a)+\frac{f''(a)}{2}(x-a)+o(x-a)-f'(a)}{f'(a)(x-a)\left[f'(a)+\frac{f''(a)}{2}(x-a)+o(x-a)\right]} =$$

$$\frac{\frac{f''(a)}{2}+\frac{o(x-a)}{x-a}}{f'(a)\left[f'(a)+\frac{f''(x-a)}{2}+o(x-a)\right]},$$

因此 $\displaystyle\lim_{x\to a}\left[\frac{1}{f'(a)(x-a)}-\frac{1}{f(x)-f(a)}\right]=\frac{\frac{f''(a)}{2}}{\left[f'(a)\right]^2}=\frac{f''(a)}{2\left[f'(a)\right]^2}$ 。

22. 证明：由 $F(x)$ 在 $(a,+\infty)$ 内连续，且 $F'(x)=\dfrac{f'(x)(x-a)-\left[f(x)-f(a)\right]}{(x-a)^2}=$

$\dfrac{f'(x)(x-a)-f'(c)(x-a)}{(x-a)^2}(a<c<x)=\dfrac{f'(x)-f'(c)}{x-a}=\dfrac{f''(\xi)(x-c)}{x-a}$ ，其中

$a<c<\xi<x$ ，且 $f''(\xi)>0$ ，得 $F'(x)>0$ ，所以 $F(x)$ 在 $(a,+\infty)$ 内严格递增。

23. 证法一：由 $f(x)=(x-4)\mathrm{e}^{\frac{x}{2}}-(x-2)\mathrm{e}^x+2$ ，得 $f(0)=0$ ， $f'(x)=$

$\left(\dfrac{x}{2}-1\right)\mathrm{e}^{\frac{x}{2}}-(x-1)\mathrm{e}^x$ ， $f'(0)=0$ ， $f''(x)=\dfrac{x}{4}\mathrm{e}^{\frac{x}{2}}-x\mathrm{e}^x=x\mathrm{e}^{\frac{x}{2}}\left(\dfrac{1}{4}-\mathrm{e}^{\frac{x}{2}}\right)$ ；而当 $x>0$ 时，

$\mathrm{e}^{\frac{x}{2}}>1>\dfrac{1}{4}$ ，所以当 $x>0$ 时， $f''(x)<0$ 。

于是知，当 $x>0$ 时， $f'(x)<0$ ，从而知当 $x>0$ 时， $f(x)<0$ 。

证法二：由证法一，有 $f(x)=f(0)+f'(0)x+\dfrac{1}{2}f''(\xi)x^2=\dfrac{1}{2}f''(\xi)x^2<0$ 。

不定积分提高题答案

1. 解： $\displaystyle\int\frac{x}{(1+x)^3}\mathrm{d}x=\int\frac{1+x-1}{(1+x)^3}\mathrm{d}x=\int\frac{1}{(1+x)^2}\mathrm{d}(x+1)-\int\frac{1}{(1+x)^3}\mathrm{d}(x+1)=$

$-\dfrac{1}{1+x}+\dfrac{1}{2}\cdot\dfrac{1}{(1+x)^2}+C$ 。

2. 解： $\displaystyle\int\sqrt{5-4x-x^2}\mathrm{d}x=\int\sqrt{9-(x+2)^2}\mathrm{d}x\frac{x+2=3\sin t}{\mathrm{d}x=3\cos t\mathrm{d}t}\int 3\cos t\cdot 3\cos t\mathrm{d}t=$

$$\frac{9}{2}\int(1+\cos 2t)\mathrm{d}t=\frac{9}{2}\left(t+\frac{1}{2}\sin 2t\right)=\frac{9}{2}\arcsin\frac{x+2}{3}+\frac{(x+2)\sqrt{5-4x-x^2}}{2}+C。$$

3. 解：$\displaystyle\int\frac{\ln x-1}{x^2}\mathrm{d}x=-\int(\ln x-1)\mathrm{d}\left(\frac{1}{x}\right)=-\left(\frac{\ln x-1}{x}-\int\frac{1}{x}\cdot\frac{1}{x}\mathrm{d}x\right)=\frac{1-\ln x}{x}-\frac{1}{x}+C=$

$\displaystyle\frac{-\ln x}{x}+C。$

4. 解：$\displaystyle\int\frac{(1-x)\arcsin(1-x)}{\sqrt{1-(1-x)^2}}\mathrm{d}x=-\frac{1}{2}\int\frac{\arcsin(1-x)}{\sqrt{1-(1-x)^2}}\mathrm{d}(1-x)^2=$

$\displaystyle\int\arcsin(1-x)\mathrm{d}\left(\sqrt{1-(1-x)^2}\right)=\sqrt{1-(1-x)^2}\arcsin(1-x)-\int\sqrt{1-(1-x)^2}\cdot$

$\displaystyle\frac{-1}{\sqrt{1-(1-x)^2}}\mathrm{d}x=\sqrt{2x-x^2}\arcsin(1-x)+x+C。$

5. 解：$\displaystyle\int\frac{\ln(\mathrm{e}^x+1)}{\mathrm{e}^x}\mathrm{d}x=-\int\ln(\mathrm{e}^x+1)\mathrm{d}(\mathrm{e}^{-x})=-\left[\frac{\ln(\mathrm{e}^x+1)}{\mathrm{e}^x}-\int\mathrm{e}^{-x}\cdot\frac{\mathrm{e}^x}{\mathrm{e}^x+1}\mathrm{d}x\right]=$

$\displaystyle-\frac{\ln(\mathrm{e}^x+1)}{\mathrm{e}^x}+x-\int\frac{\mathrm{e}^x}{\mathrm{e}^x+1}\mathrm{d}x=-\frac{\ln(\mathrm{e}^x+1)}{\mathrm{e}^x}+x-\ln(\mathrm{e}^x+1)+C。$

6. 解：$\displaystyle\int x\ln\left(\frac{1+x}{1-x}\right)\mathrm{d}x=\int x\ln(1+x)\mathrm{d}x-\int x\ln(1-x)\mathrm{d}x=\frac{1}{2}\int\ln(1+x)\mathrm{d}(x^2)-$

$\displaystyle\frac{1}{2}\int\ln(1-x)\mathrm{d}(x^2)=\frac{1}{2}\left[x^2\ln(1+x)-\int\frac{x^2}{1+x}\mathrm{d}x\right]-\frac{1}{2}\left[x^2\ln(1-x)+\int\frac{x^2}{1-x}\mathrm{d}x\right]=$

$\displaystyle\frac{1}{2}x^2\ln\left(\frac{1+x}{1-x}\right)-\frac{1}{2}\int x^2\left(\frac{1}{1+x}+\frac{1}{1-x}\right)\mathrm{d}x=\frac{1}{2}x^2\ln\left(\frac{1+x}{1-x}\right)+\int\frac{1-x^2-1}{1-x^2}\mathrm{d}x=$

$\displaystyle\frac{1}{2}x^2\ln\left(\frac{1+x}{1-x}\right)+x-\frac{1}{2}\int\left(\frac{1}{1-x}+\frac{1}{1+x}\right)\mathrm{d}x=\frac{1}{2}x^2\ln\left(\frac{1+x}{1-x}\right)+x-\frac{1}{2}\ln\left(\frac{1+x}{1-x}\right)+C=$

$\displaystyle\frac{1}{2}(x^2-1)\ln\left(\frac{1+x}{1-x}\right)+x+C。$

7. 解：$\displaystyle\int\frac{2x+2}{(x-1)(x^2+1)^2}\mathrm{d}x=\int\left[\frac{1}{x-1}-\frac{1}{x^2+1}-\frac{x}{x^2+1}-\frac{2x}{(x^2+1)^2}\right]\mathrm{d}x=\ln|x-1|-$

$\displaystyle\arctan x-\frac{1}{2}\ln(x^2+1)+\frac{1}{x^2+1}+C。$

8. 解：$\displaystyle\int\frac{1-x-x^2}{(x^2+1)^2}\mathrm{d}x=\int\frac{-(x^2+1)-x+2}{(x^2+1)^2}\mathrm{d}x=-\int\frac{1}{x^2+1}\mathrm{d}x-\frac{1}{2}\int\frac{\mathrm{d}(x^2+1)}{(x^2+1)^2}+$

$$2\int\frac{1}{\left(x^2+1\right)^2}dx=-\arctan x+\frac{1}{2}\frac{1}{x^2+1}+2\int\frac{1}{\left(x^2+1\right)^2}dx,\quad \int\frac{1}{\left(x^2+1\right)^2}dx\xlongequal[dx=\sec^2 tdt]{x=\tan t}$$

$$\int\frac{\sec^2 t}{\sec^4 t}dt=\int\cos^2 tdt=\frac{1}{2}\int\left(1+\cos 2t\right)dt=\frac{1}{2}\left(t+\frac{1}{2}\sin 2t\right)+C=$$

$$\frac{1}{2}\left(\arctan x+\frac{x}{\sqrt{x^2+1}}\cdot\frac{1}{\sqrt{x^2+1}}\right)+C。所以原式=\frac{1+2x}{2\left(x^2+1\right)}+C。$$

9. 解: $\displaystyle\int\frac{1+\sin x}{\sin x\left(1+\cos x\right)}dx=\int\left[\frac{1}{1+\cos x}+\frac{1}{\sin x\left(1+\cos x\right)}\right]dx=\int\frac{1}{2\cos^2\frac{x}{2}}dx+$

$$\int\frac{\sin^2\frac{x}{2}+\cos^2\frac{x}{2}}{2\sin\frac{x}{2}\cos\frac{x}{2}\cdot 2\cos^2\frac{x}{2}}dx=\tan\frac{x}{2}+\int\frac{\sin\frac{x}{2}}{4\cos^3\frac{x}{2}}dx+\int\frac{1}{2\sin x}dx=\tan\frac{x}{2}+\frac{1}{4}\sec^2\frac{x}{2}+$$

$$\frac{1}{2}\ln\left|\csc x-\cot x\right|+C。$$

10. 解: $\displaystyle\int\sqrt{\frac{a+x}{a-x}}dx\xlongequal[dx=\frac{4at}{\left(t^2+1\right)^2}dt]{\sqrt{\frac{a+x}{a-x}}=t}4a\int\frac{t^2}{\left(t^2+1\right)^2}dt=4a\left[\int\frac{1}{t^2+1}dt-\int\frac{1}{\left(t^2+1\right)^2}dt\right]=$

$$4a\arctan t-4a\int\frac{1}{\left(t^2+1\right)^2}dt=4a\arctan t-2a\arctan t-\frac{2at}{t^2+1}+C=2a\arctan\sqrt{\frac{a+x}{a-x}}-$$

$$\sqrt{a^2-x^2}+C。$$

11. 解: $\displaystyle\int\frac{\sqrt{\ln\left(x+\sqrt{1+x^2}\right)+5}}{\sqrt{1+x^2}}dx=\int\sqrt{\ln\left(x+\sqrt{1+x^2}\right)+5}d\left(\ln\left(x+\sqrt{1+x^2}\right)+5\right)=$

$$\frac{2}{3}\left[\ln\left(x+\sqrt{1+x^2}\right)+5\right]^{\frac{3}{2}}+C。$$

12. 解: $\displaystyle\int\frac{1}{\left(x+1\right)^3\sqrt{x^2+2x}}dx\xlongequal[dx=\sec t\tan tdt]{x+1=\sec t}\int\frac{\sec t\cdot\tan t}{\sec^3 t\cdot\tan t}dt=\int\cos^2 tdt=$

$$\int\frac{1+\cos 2t}{2}dt=\frac{1}{2}t+\frac{1}{4}\sin 2t+C=\frac{1}{2}\arccos\frac{1}{x+1}+\frac{1}{2}\cdot\frac{\sqrt{x^2+2x}}{\left(x+1\right)^2}+C。$$

13. 解: $\displaystyle\int\frac{x\arctan x}{\left(1+x^2\right)^{\frac{3}{2}}}dx\xlongequal[x=\tan t]{\arctan x=t}\int\frac{\tan t\cdot t}{\sec^3 t}\cdot\sec^2 tdt=\int t\sin tdt=-\int td\left(\cos t\right)=$

$-\left(t\cos t-\displaystyle\int\cos t\,dt\right)=-t\cos t+\sin t+C=\dfrac{-\arctan x}{\sqrt{x^2+1}}+\dfrac{x}{\sqrt{x^2+1}}+C$。

14. 解：$\displaystyle\int(\arcsin x)^2\,dx\xlongequal[x=\sin t]{\arcsin x=t}\int t^2\cos t\,dt=t^2\sin t-2\int t\sin t\,dt=t^2\sin t+$

$2\left(t\cos t-\displaystyle\int\cos t\,dt\right)=t^2\sin t+2t\cos t-2\sin t+C=x(\arcsin x)^2+2\arcsin x\cdot\sqrt{1-x^2}-$

$2x+C$。

15. 解：$\displaystyle\int\dfrac{\arctan e^x}{e^x}\,dx=-\int\arctan e^x\,d\left(e^{-x}\right)=-\left[e^{-x}\arctan e^x-\int\dfrac{e^{-x}\cdot e^x}{1+e^{2x}}\,dx\right]=$

$-e^{-x}\arctan e^x+\displaystyle\int\dfrac{1+e^{2x}-e^{2x}}{1+e^{2x}}\,dx=-e^{-x}\arctan e^x+x-\dfrac{1}{2}\ln\left(1+e^{2x}\right)+C$。

16. 解：$\displaystyle\int\arcsin\sqrt{x}\,dx\xlongequal[x=\sin^2 t]{\arcsin\sqrt{x}=t}\int t\cdot\sin 2t\,dt=-\dfrac{1}{2}\int t\,d(\cos 2t)=$

$-\dfrac{1}{2}\left[t\cos 2t-\displaystyle\int\cos 2t\,dt\right]=-\dfrac{1}{2}t\cos 2t+\dfrac{1}{4}\sin 2t+C=-\dfrac{1}{2}(1-2x)\arcsin\sqrt{x}+$

$\dfrac{1}{2}\sqrt{x-x^2}+C$。

17. 解：$\displaystyle\int\dfrac{xe^x}{(x+1)^2}\,dx=-\int xe^{-x}\,d\left(\dfrac{1}{x+1}\right)=-\left(\dfrac{xe^x}{x+1}-\int\dfrac{e^x+xe^x}{x+1}\,dx\right)=-\dfrac{xe^x}{x+1}+e^x+$

$C=\dfrac{e^x}{x+1}+C$。

18. 解：$\displaystyle\int\dfrac{1}{e^{3x}+e^x}\,dx=\int\dfrac{1}{e^x\left(e^{2x}+1\right)}\,dx=\int\left(\dfrac{1}{e^x}-\dfrac{e^x}{e^{2x}+1}\right)dx=-e^{-x}-\arctan e^x+C$。

19. 解：$\displaystyle\int\dfrac{1}{e^x+2+2e^{-x}}\,dx=\int\dfrac{e^x}{e^{2x}+2e^x+2}\,dx=\int\dfrac{e^x}{\left(e^x+1\right)^2+1}\,dx=\int\dfrac{d\left(e^x+1\right)}{\left(e^x+1\right)^2+1}=$

$\arctan\left(e^x+1\right)+C$。

20. 解：$\displaystyle\int\dfrac{1}{x+\sqrt{1-x^2}}\,dx\xlongequal[dx=\cos t\,dt]{x=\sin t}\int\dfrac{\cos t}{\sin t+\cos t}\,dt=$

$\dfrac{1}{2}\displaystyle\int\dfrac{(\sin t+\cos t)+(\cos t-\sin t)}{\sin t+\cos t}\,dt=\dfrac{1}{2}t+\dfrac{1}{2}\int\dfrac{d(\sin t+\cos t)}{\sin t+\cos t}=\dfrac{1}{2}t+\dfrac{1}{2}\ln|\sin t+\cos t|+C$

$=\dfrac{1}{2}\arcsin x+\dfrac{1}{2}\ln\left|x+\sqrt{1-x^2}\right|+C$。

21. 解：$\displaystyle\int\dfrac{1}{1+\sqrt{1-x^2}}\,dx\xlongequal[dx=\cos t\,dt]{x=\sin t}\int\dfrac{\cos t\,dt}{1+\cos t}=\int\dfrac{1+\cos t-1}{1+\cos t}\,dt=t-\int\dfrac{1}{2\cos^2\frac{t}{2}}\,dt=$

$t-\tan\dfrac{t}{2}+C=\arcsin x-\dfrac{x}{1+\sqrt{1-x^2}}+C$。

22. 解: $\int e^{\sin x}\left(x\cos x-\tan x\sec x\right)dx=\int xd\left(e^{\sin x}\right)-\int e^{\sin x}d\left(\sec x\right)=xe^{\sin x}-$
$\int e^{\sin x}dx-e^{\sin x}\sec x+\int e^{\sin x}dx=\left(x-\sec x\right)e^{\sin x}+C$。

23. 解: $\int\dfrac{1+x^2+x^4}{x^3\left(1+x^2\right)}dx=\int\left(\dfrac{1}{x^3}+\dfrac{x}{1+x^2}\right)dx=-\dfrac{1}{2x^2}+\dfrac{1}{2}\ln\left(1+x^2\right)+C$

24. 解法一:

令 $\sqrt{\dfrac{1-x}{x}}=t$, $x=\dfrac{1}{t^2+1}$, $dx=-\dfrac{2t}{\left(t^2+1\right)^2}dt$, 原式$=\int\left(t^2+1\right)t\cdot\dfrac{-2t}{\left(t^2+1\right)^2}dt=$

$=-2\int\dfrac{t^2}{t^2+1}dt=-2\left(t-\arctan t\right)+C=-2\sqrt{\dfrac{1-x}{x}}+2\arctan\sqrt{\dfrac{1-x}{x}}+C$。

解法二: 令 $x=\sin^2 t$, $dx=2\sin t\cos tdt$, 原式 $=\int\dfrac{1}{\sin^2 x}\cdot\dfrac{\cos t}{\sin t}\cdot 2\sin t\cos tdt=$

$2\int\cot^2 tdt=2\int\left(\csc^2 t-1\right)dt=2\left(-\cot t-t\right)+C=-2\sqrt{\dfrac{1-x}{x}}-2\arcsin\sqrt{x}+C$。

25. 解: $\int\dfrac{1}{x\left(2+x^{10}\right)}dx=\int\dfrac{x^9}{x^{10}\left(2+x^{10}\right)}dx=\dfrac{1}{10}\int\dfrac{d\left(x^{10}\right)}{x^{10}\left(2+x^{10}\right)}=$

$\dfrac{1}{20}\int\left(\dfrac{1}{x^{10}}-\dfrac{1}{2+x^{10}}\right)d\left(x^{10}\right)=\dfrac{1}{20}\ln\left(\dfrac{x^{10}}{2+x^{10}}\right)+C$。

26. 解: $\int\dfrac{x+\sin x}{1+\cos x}dx=\int\dfrac{x+2\sin\dfrac{x}{2}\cos\dfrac{x}{2}}{2\cos^2\dfrac{x}{2}}dx=\int xd\left(\tan\dfrac{x}{2}\right)+\int\tan\dfrac{x}{2}dx=x\tan\dfrac{x}{2}-$

$\int\tan\dfrac{x}{2}dx+\int\tan\dfrac{x}{2}dx=x\tan\dfrac{x}{2}+C$。

27. 解: $\int\dfrac{\ln\left(1+x^2\right)}{x^3}dx=-\dfrac{1}{2}\int\ln\left(1+x^2\right)d\left(\dfrac{1}{x^2}\right)=-\dfrac{1}{2}\left[\dfrac{\ln\left(1+x^2\right)}{x^2}-\int\dfrac{2x}{x^2\left(1+x^2\right)}dx\right]$

$=-\dfrac{1}{2}\cdot\dfrac{\ln\left(1+x^2\right)}{x^2}+\int\left(\dfrac{1}{x}-\dfrac{x}{1+x^2}\right)dx=-\dfrac{\ln\left(1+x^2\right)}{2x^2}+\ln|x|-\dfrac{1}{2}\ln\left(1+x^2\right)+C$。

28. 解: $\int\dfrac{1}{\sqrt{2x+3}+\sqrt{2x-1}}dx=\dfrac{1}{4}\int\left(\sqrt{2x+3}-\sqrt{2x-1}\right)dx=$

$\dfrac{1}{12}\left[\left(2x+3\right)^{\frac{3}{2}}-\left(2x-1\right)^{\frac{3}{2}}\right]+C$。

29. 解: $\int\dfrac{1}{1+x^4}dx=\dfrac{1}{2}\int\dfrac{1+x^2+1-x^2}{1+x^4}dx=\dfrac{1}{2}\left(\int\dfrac{\dfrac{1}{x^2}+1}{\dfrac{1}{x^2}+x^2}dx+\int\dfrac{\dfrac{1}{x^2}-1}{\dfrac{1}{x^2}+x^2}dx\right)=$

$$\frac{1}{2}\left[\int \frac{\mathrm{d}\left(x-\dfrac{1}{x}\right)}{\left(x-\dfrac{1}{x}\right)^2+2}-\int \frac{\mathrm{d}\left(x+\dfrac{1}{x}\right)}{\left(x+\dfrac{1}{x}\right)^2-2}\right]=\frac{1}{2}\left[\frac{\sqrt{2}}{2}\arctan\frac{x-\dfrac{1}{x}}{\sqrt{2}}-\frac{1}{2\sqrt{2}}\ln\left|\frac{x+\dfrac{1}{x}-\sqrt{2}}{x+\dfrac{1}{x}+\sqrt{2}}\right|\right]+C=$$

$$\frac{\sqrt{2}}{4}\arctan\frac{x^2-1}{\sqrt{2}x}-\frac{1}{4\sqrt{2}}\ln\left|\frac{x^2-\sqrt{2}x+1}{x^2+\sqrt{2}x+1}\right|+C\text{。}$$

30. 解：$\displaystyle\int\left[\frac{f(x)}{f'(x)}-\frac{f^2(x)f''(x)}{\left(f'(x)\right)^3}\right]\mathrm{d}x=\int\frac{f(x)}{f'(x)}\mathrm{d}x+\frac{1}{2}\int f^2(x)\mathrm{d}\frac{1}{\left(f'(x)\right)^2}=$

$$\int\frac{f(x)}{f'(x)}\mathrm{d}x+\frac{1}{2}\left[\frac{f^2(x)}{\left(f'(x)\right)^2}-\int\frac{2f(x)f'(x)}{\left(f'(x)\right)^2}\mathrm{d}x\right]=\frac{1}{2}\frac{f^2(x)}{\left(f'(x)\right)^2}+C\text{。}$$

定积分及其应用提高题答案

1. （1）解：$\displaystyle\lim_{n\to\infty}\sum_{i=1}^{n}\frac{1}{\sqrt{n^2+i^2}}=\lim_{n\to\infty}\sum_{i=1}^{n}\frac{1}{n}\frac{1}{\sqrt{1+\left(\dfrac{i}{n}\right)^2}}=\int_0^1\frac{1}{\sqrt{1+x^2}}\mathrm{d}x\xlongequal{x=\tan t}\int_0^{\frac{\pi}{4}}\frac{\sec^2 t}{\sec t}\mathrm{d}t=$

$$\int_0^{\frac{\pi}{4}}\sec t\mathrm{d}t=\ln\left|\sec t+\tan t\right|\Big\|_0^{\frac{\pi}{4}}=\ln\left(\sqrt{2}+1\right)\text{。}$$

（2）解：$\displaystyle\lim_{n\to\infty}\sum_{i=1}^{n}\frac{1}{n+i}=\lim_{n\to\infty}\sum_{i=1}^{n}\frac{1}{n}\cdot\frac{1}{1+\dfrac{i}{n}}=\int_0^1\frac{1}{1+x}\mathrm{d}x=\ln(1+x)\big|_0^1=\ln 2\text{。}$

2. 证明：令 $F(t)=\displaystyle\int_a^t f(x)g(x)\mathrm{d}x$，$G(t)=\displaystyle\int_a^t g(x)\mathrm{d}x$，由柯西中值定理可得，存在一点 $\xi\in(a,b)$，使得

$$\frac{F(b)-F(a)}{G(b)-G(a)}=\frac{F'(\xi)}{G'(\xi)}$$

即

$$\frac{\int_a^b f(x)g(x)\mathrm{d}x}{\int_a^b g(x)\mathrm{d}x}=\frac{f(\xi)g(\xi)}{g(\xi)}=f(\xi)$$

证毕。

3. （1）解：$\displaystyle\int_0^3\arcsin\sqrt{\frac{x}{1+x}}\mathrm{d}x=x\arcsin\sqrt{\frac{x}{1+x}}\Big|_0^3-\int_0^3 x\cdot\frac{\dfrac{1}{2}\sqrt{\dfrac{1+x}{x}}\cdot\dfrac{1}{(1+x)^2}}{\sqrt{1-\dfrac{x}{1+x}}}\mathrm{d}x=\pi-$

$\dfrac{1}{2}\displaystyle\int_0^3\frac{\sqrt{x}}{1+x}\mathrm{d}x$。其中 $\displaystyle\int_0^3\frac{\sqrt{x}}{1+x}\mathrm{d}x\xlongequal[x=t^2]{\sqrt{x}=t}\int_0^{\sqrt{3}}\frac{t}{1+t^2}\cdot 2t\mathrm{d}t=2\int_0^{\sqrt{3}}\frac{1+t^2-1}{1+t^2}\mathrm{d}t=2\left(t-\arctan t\right)\big|_0^{\sqrt{3}}=$

$2\left(\sqrt{3}-\dfrac{\pi}{3}\right)$。所以，原式 $=\pi-\left(\sqrt{3}-\dfrac{\pi}{3}\right)=\dfrac{4\pi}{3}-\sqrt{3}$。

（2）解：$\displaystyle\int_0^{\ln 2}\sqrt{1-e^{-2x}}\,dx\xlongequal[x=1/2\ln(1-t^2)]{\sqrt{1-e^{-2x}}=t}\int_0^{\frac{\sqrt{3}}{2}}t\cdot\dfrac{t}{1-t^2}\,dt=-\int_0^{\frac{\sqrt{3}}{2}}\dfrac{1-t^2-1}{1-t^2}\,dt=-\dfrac{\sqrt{3}}{2}+\dfrac{1}{2}\ln\left|\dfrac{1+t}{1-t}\right|\Big|_0^{\frac{\sqrt{3}}{2}}=$

$-\dfrac{\sqrt{3}}{2}+\dfrac{1}{2}\ln\left(\dfrac{2+\sqrt{3}}{2-\sqrt{3}}\right)$。

（3）解：$\displaystyle\int_{\frac{1}{2}}^1 e^{\sqrt{2x-1}}\,dx\xlongequal[x=(t^2+1)/2]{\sqrt{2x-1}=t}\int_0^1 e^t\cdot t\,dt=te^t\Big|_0^1-e^t\Big|_0^1=1$。

（4）解：$I=\displaystyle\int_{-\frac{\pi}{4}}^{\frac{\pi}{4}}\dfrac{\cos x}{1+e^{-x}}\,dx\xlongequal[dx=-dt]{x=-t}\int_{-\frac{\pi}{4}}^{\frac{\pi}{4}}\dfrac{\cos t}{1+e^t}\,dt$，$2I=\displaystyle\int_{-\frac{\pi}{4}}^{\frac{\pi}{4}}\left(\dfrac{e^x\cos x}{1+e^x}+\dfrac{\cos x}{1+e^x}\right)dx=$

$\displaystyle\int_{-\frac{\pi}{4}}^{\frac{\pi}{4}}\cos x\,dx=\sin x\Big|_{-\frac{\pi}{4}}^{\frac{\pi}{4}}=\sqrt{2}$，所以 $I=\dfrac{\sqrt{2}}{2}$。

4.（1）解：$\displaystyle\int_0^1 x\sqrt{1-x}\,dx\xlongequal[x=1-t^2]{\sqrt{1-x}=t}\int_1^0(1-t^2)t(-2t)\,dt=\int_0^1(2t^2-2t^4)\,dt=\dfrac{4}{15}$。

（2）解：$\displaystyle\int_0^4 e^{\sqrt{x}}\,dx\xlongequal[x=t^2]{\sqrt{x}=t}2\int_0^2 te^t\,dt=2\left(te^t\Big|_0^2-\int_0^2 e^t\,dt\right)=2\left(2e^2-e^t\Big|_0^2\right)=2(e^2+1)$。

（3）解：$\sqrt{1-x^2}\ln\left(x+\sqrt{1+x^2}\right)$ 是 $[-1,1]$ 上的奇函数，所以

$$\int_{-1}^1\sqrt{1-x^2}\ln\left(x+\sqrt{1+x^2}\right)dx=0$$

（4）解：$\displaystyle\int_0^{\frac{\sqrt{3}}{3}}\dfrac{1}{(2x^2+1)\sqrt{1+x^2}}\,dx\xlongequal[dx=\sec^2 t\,dt]{x=\tan t}\int_0^{\frac{\pi}{6}}\dfrac{\sec^2 t}{(2\tan^2 t+1)\sec t}\,dt=$

$\displaystyle\int_0^{\frac{\pi}{6}}\dfrac{\cos t}{2\sin^2 t+\cos^2 t}\,dt=\int_0^{\frac{\pi}{6}}\dfrac{\cos t}{\sin^2 t+1}\,dt=\arctan(\sin t)\Big|_0^{\frac{\pi}{6}}=\arctan\dfrac{1}{2}$。

（5）解：$\displaystyle\int_0^1\sqrt{2x-x^2}\,dx\xlongequal[dx=\cos t\,dt]{x-1=\sin t}\int_{-\frac{\pi}{2}}^0\cos^2 t\,dt=\dfrac{1}{2}\cdot\dfrac{\pi}{2}=\dfrac{\pi}{4}$。

（6）解：$\displaystyle\int_{-1}^1\left(\dfrac{x^3}{\sqrt{1+x^2}}+x^2\right)\sqrt{1-x^2}\,dx=2\int_0^1 x^2\sqrt{1-x^2}\,dx\xlongequal[dx=\cos t\,dt]{x=\sin t}$

$2\displaystyle\int_0^{\frac{\pi}{2}}\sin^2 t\cos^2 t\,dt=2\int_0^{\frac{\pi}{2}}(1-\cos^2 t)\cos^2 t\,dt=2\int_0^{\frac{\pi}{2}}\cos^2 t\,dt-2\int_0^{\frac{\pi}{2}}\cos^4 t\,dt=\dfrac{\pi}{8}$。

5.解：$I=\displaystyle\int_0^{\pi}\dfrac{x\sin x}{1+\cos^2 x}\,dx\xlongequal{x=\pi-t}\int_{\pi}^0\dfrac{(\pi-t)\sin t}{1+\cos^2 t}(-dt)=\pi\int_0^{\pi}\dfrac{\sin t}{1+\cos^2 t}\,dt-I$，$2I=$

$\pi\displaystyle\int_0^{\pi}\dfrac{\sin t}{1+\cos^2 t}\,dt=\dfrac{\pi^2}{2}$，则 $I=\dfrac{\pi^2}{4}$。

6. 解：令 $x=\dfrac{\pi}{2}-t$ ，则 $I=\int_0^{\frac{\pi}{2}}\dfrac{f(\sin x)}{f(\cos x)+f(\sin x)}\mathrm{d}x=\int_0^{\frac{\pi}{2}}\dfrac{f(\cos t)}{f(\cos t)+f(\sin t)}\mathrm{d}t$ ，

$2I=\int_0^{\frac{\pi}{2}}\dfrac{f(\cos x)+f(\sin x)}{f(\cos x)+f(\sin x)}\mathrm{d}x=\dfrac{\pi}{2}$ ，则 $I=\dfrac{\pi}{4}$ 。

7. 解：$\int_0^\pi\big(f(x)+f''(x)\big)\cos x\mathrm{d}x=\int_0^\pi f(x)\cos x\mathrm{d}x+\int_0^\pi\cos x\mathrm{d}\big(f'(x)\big)=$

$\int_0^\pi f(x)\cos x\mathrm{d}x+\cos xf'(x)\Big|_0^\pi+\int_0^\pi f'(x)\sin x\mathrm{d}x=\int_0^\pi f(x)\cos x\mathrm{d}x+4+\int_0^\pi\sin x\mathrm{d}\big(f(x)\big)$

$=\int_0^\pi f(x)\cos x\mathrm{d}x+4+f(x)\sin x\Big|_0^\pi-\int_0^\pi f(x)\cos x\mathrm{d}x=4$ 。

8. 解：（1）$\lim\limits_{x\to0}\dfrac{\int_0^{\sin^2x}\ln(1+t)\mathrm{d}t}{\sqrt{1+x^4}-1}=\lim\limits_{x\to0}\dfrac{\int_0^{\sin^2x}\ln(1+t)\mathrm{d}t}{\dfrac{1}{2}x^4}=\lim\limits_{x\to0}\dfrac{\ln(1+\sin^2x)\cdot2\sin x\cos x}{2x^3}$

$=\lim\limits_{x\to0}\dfrac{2\sin^3x\cos x}{2x^3}=1$ 。

（2）解：$\lim\limits_{x\to0}\dfrac{\int_0^{x^2}\big[1-\cos(\sin t)\big]\mathrm{d}t}{\arctan x^4\cdot\big(\sqrt{1-x^2}-1\big)}=\lim\limits_{x\to0}\dfrac{\int_0^{x^2}\big[1-\cos(\sin t)\big]\mathrm{d}t}{x^4\cdot\left(-\dfrac{1}{2}x^2\right)}=$

$\lim\limits_{x\to0}\dfrac{\big[1-\cos(\sin x^2)\big]2x}{-3x^5}=-\dfrac{1}{3}\lim\limits_{x\to0}\dfrac{(\sin x^2)^2}{x^4}=-\dfrac{1}{3}$ 。

9. 解：$\dfrac{\mathrm{d}}{\mathrm{d}x}\int_0^x\cos(x-t)^2\mathrm{d}t\xlongequal[\mathrm{d}t=-\mathrm{d}u]{x-t=u}\dfrac{\mathrm{d}}{\mathrm{d}x}\int_x^0\cos u^2(-\mathrm{d}u)=\dfrac{\mathrm{d}}{\mathrm{d}x}\int_0^x\cos u^2\mathrm{d}u=\cos x^2$ 。

10. 解：$\dfrac{\mathrm{d}}{\mathrm{d}x}\int_1^2 f(x+t)\mathrm{d}t\xlongequal[\mathrm{d}t=\mathrm{d}u]{x+t=u}\dfrac{\mathrm{d}}{\mathrm{d}x}\int_{x+1}^{x+2}f(u)\mathrm{d}u=f(x+2)-f(x+1)$ 。

11. 解：$\lim\limits_{y\to0}\dfrac{\mathrm{d}}{\mathrm{d}y}\int_0^1 f(yt)\mathrm{d}t\xlongequal{yt=u}\lim\limits_{y\to0}\dfrac{\mathrm{d}}{\mathrm{d}y}\int_0^y\dfrac{1}{y}f(u)\mathrm{d}u=\lim\limits_{y\to0}\dfrac{\mathrm{d}}{\mathrm{d}y}\left(\dfrac{\int_0^y f(u)\mathrm{d}u}{y}\right)=$

$\lim\limits_{y\to0}\dfrac{yf(y)-\int_0^y f(u)\mathrm{d}u}{y^2}=\lim\limits_{y\to0}\dfrac{f(y)}{y}-\lim\limits_{y\to0}\dfrac{f(y)}{2y}=A-\dfrac{A}{2}=\dfrac{A}{2}$ 。

12. 解：$\int_0^\pi f(x)\mathrm{d}x=xf(x)\Big|_0^\pi-\int_0^\pi xf'(x)\mathrm{d}x=0-\int_0^\pi x\cdot\dfrac{\sin x}{x}\mathrm{d}x=\cos x\Big|_0^\pi=-2$ 。

13. 解：设 $2x-t=u$ ，$t=2x-u$ ，$\mathrm{d}t=-\mathrm{d}u$ ，得

$$\int_x^{2x}(2x-u)f(u)\mathrm{d}u=\dfrac{1}{2}\arctan x^2$$

两边同时对 x 求导，得

$$2\left\{\int_x^{2x}f(u)\mathrm{d}u+x\big[2f(2x)-f(x)\big]\right\}-\big[2xf(2x)\cdot2-xf(x)\big]=\dfrac{1}{2}\cdot\dfrac{2x}{1+x^4}$$

$$2\int_x^{2x} f(u)\mathrm{d}u - xf(x) = \frac{x}{1+x^4}$$

所以

$$\int_x^{2x} f(u)\mathrm{d}u = \frac{1}{2}\left[xf(x) + \frac{x}{1+x^4}\right]$$

$$\int_1^2 f(x)\mathrm{d}x = \frac{1}{2}\left[1 \cdot f(1) + \frac{1}{1+1}\right] = \frac{3}{4}$$

14. 解：$\int_0^1 G(x)\mathrm{d}x = xG(x)\big|_0^1 - \int_0^1 xG'(x)\mathrm{d}x = G(1) - \int_0^1 xe^{-x^2}\mathrm{d}x = 0 + \frac{1}{2}e^{-x^2}\big|_0^1 =$

$\frac{1}{2}(e^{-1} - 1)$。

15. 解：设

$$F(x) = \int_a^x tf(t)\mathrm{d}t - \frac{a+x}{2}\int_a^x f(t)\mathrm{d}t$$

则

$$F'(x) = xf(x) - \frac{1}{2}\int_a^x f(t)\mathrm{d}t - \frac{a+x}{2}f(x) = \frac{1}{2}f(x)(x-a) - \frac{1}{2}f(\xi)(x-a)$$

$$= \frac{1}{2}(x-a)\left[f(x) - f(\xi)\right]$$

其中

$$\xi \in (a,x)$$

因为 $f(x)$ 在 $[a,b]$ 上连续且单调递增，$x \in [a,b]$。所以 $F'(x) \geq 0$，即 $F(x)$ 在 $[a,b]$ 上单调递增，则 $F(x) \geq F(a) = 0$。即

$$\int_a^x tf(t)\mathrm{d}t \geq \frac{a+x}{2}\int_a^x f(t)\mathrm{d}t$$

16. 解：

$$F'(x) = \frac{xf(x)\int_0^x f(t)\mathrm{d}t - \int_0^x tf(t)\mathrm{d}t \cdot f(x)}{\left(\int_0^x f(t)\mathrm{d}t\right)^2} = \frac{f(x)\left[\int_0^x xf(t)\mathrm{d}t - \int_0^x tf(t)\mathrm{d}t\right]}{\left(\int_0^x f(t)\mathrm{d}t\right)^2}$$

$$= \frac{f(x)\int_0^x (x-t)f(t)\mathrm{d}t}{\left(\int_0^x f(t)\mathrm{d}t\right)^2}$$

由于 $t \in [0,x]$，且 $f(x) > 0$，所以 $F'(x) \geq 0$，即 $F(x)$ 在 $(0,+\infty)$ 内严格单调递增。

17.（1）解：$\int_1^{+\infty} \frac{\mathrm{d}x}{x(x^2+1)} = \int_1^{+\infty}\left(\frac{1}{x} - \frac{x}{x^2+1}\right)\mathrm{d}x = \left[\ln x - \frac{1}{2}\ln(x^2+1)\right]\Big|_1^{+\infty} =$

$\ln\frac{x}{\sqrt{x^2+1}}\Big|_1^{+\infty} = = \frac{1}{2}\ln 2$。

（2）解：$\displaystyle\int_{\frac{1}{2}}^{\frac{3}{2}}\frac{\mathrm{d}x}{\sqrt{\left|x-x^2\right|}}=\int_{\frac{1}{2}}^{1}\frac{\mathrm{d}x}{\sqrt{x-x^2}}+\int_{1}^{\frac{3}{2}}\frac{\mathrm{d}x}{\sqrt{x^2-x}}=\int_{\frac{1}{2}}^{1}\frac{\mathrm{d}x}{\sqrt{\frac{1}{4}-\left(x-\frac{1}{2}\right)^2}}+\int_{1}^{\frac{3}{2}}\frac{\mathrm{d}x}{\sqrt{\left(x-\frac{1}{2}\right)^2-\frac{1}{4}}}$

$\displaystyle=\arcsin(2x-1)\Big|_{\frac{1}{2}}^{1}+\ln\left|\left(x-\frac{1}{2}\right)+\sqrt{\left(x-\frac{1}{2}\right)^2-\frac{1}{4}}\right|\,\Bigg|_{1}^{\frac{3}{2}}=\frac{\pi}{2}+\ln\left(2+\sqrt{3}\right)$。

（3）解：$\displaystyle\int_{0}^{1}\frac{x\mathrm{d}x}{\left(2-x^2\right)\sqrt{1-x^2}}\xlongequal{x=\sin t}\int_{0}^{\frac{\pi}{2}}\frac{\sin t\cdot\cos t\mathrm{d}t}{\left(2-\sin^2 t\right)\cos t}=-\int_{0}^{\frac{\pi}{2}}\frac{\mathrm{d}(\cos t)}{1+\cos^2 t}=$

$\displaystyle-\arctan(\cos t)\Big|_{0}^{\frac{\pi}{2}}=\frac{\pi}{4}$。

（4）解：$\displaystyle I=\int_{0}^{+\infty}\frac{\mathrm{d}x}{\left(1+x^2\right)\left(1+\sqrt{x}\right)}\xlongequal{x=1/t}\int_{0}^{+\infty}\frac{\sqrt{t}\mathrm{d}t}{\left(1+t^2\right)\left(1+\sqrt{t}\right)}$，$\displaystyle2I=\int_{0}^{+\infty}\frac{1}{1+x^2}\mathrm{d}x=$

$\displaystyle\arctan x\Big|_{0}^{+\infty}=\frac{\pi}{2}$，所以 $I=\dfrac{\pi}{4}$。

（5）解：$\displaystyle\int_{1}^{+\infty}\frac{\arctan x}{x^2}\mathrm{d}x=-\int_{1}^{+\infty}\arctan x\,\mathrm{d}\left(\frac{1}{x}\right)=-\left[\frac{\arctan x}{x}\Big|_{1}^{+\infty}-\int_{1}^{+\infty}\left(\frac{1}{x}\cdot\frac{1}{1+x^2}\right)\mathrm{d}x\right]=$

$\displaystyle\frac{\pi}{4}+\int_{1}^{+\infty}\left(\frac{1}{x}-\frac{x}{1+x^2}\right)\mathrm{d}x=\frac{\pi}{4}+\ln\frac{x}{\sqrt{1+x^2}}\Big|_{1}^{+\infty}=\frac{\pi}{4}+\frac{1}{2}\ln 2$。

18．解：$\displaystyle S=-\int_{0.1}^{1}\ln x\mathrm{d}x+\int_{1}^{10}\ln x\mathrm{d}x=\left(-x\ln x+x\right)\Big|_{0.1}^{1}+\left(x\ln x-x\right)\Big|_{1}^{10}=-8.1+9.9\ln 10$。

19．解：$\displaystyle V_x=\pi\int_{0}^{\pi}\sin^2 x\mathrm{d}x=2\pi\int_{0}^{\frac{\pi}{2}}\sin^2 x\mathrm{d}x=2\pi\cdot\frac{1}{2}\cdot\frac{\pi}{2}=\frac{\pi^2}{2}$；$\displaystyle V_y=2\pi\int_{0}^{\pi}x\left|\sin x\right|\mathrm{d}x=$

$2\pi^2$。

20．解：$\displaystyle S=2-\int_{0}^{2}\left(2x-x^2\right)\mathrm{d}x=\frac{2}{3}$；$\displaystyle V_x=2\pi-\pi\int_{0}^{2}\left(2x-x^2\right)^2\mathrm{d}x=\frac{14}{15}\pi$；$\displaystyle V_{y=1}=$

$\displaystyle\pi\int_{0}^{2}\left(1-2x+x^2\right)^2\mathrm{d}x=\frac{2}{5}\pi$。

一元微积分学的补充应用提高题答案

1．（1）解：$\displaystyle\frac{\mathrm{d}y}{\mathrm{d}x}=\frac{\mathrm{e}^{t^4}\cdot 4t^3}{\mathrm{e}^{t^4}\cdot 2t}=2t^2$；$\displaystyle\frac{\mathrm{d}^2 y}{\mathrm{d}x^2}=\frac{4t}{\mathrm{e}^{t^4}\cdot 2t}=2\mathrm{e}^{-t^4}$。

（2）解：$\displaystyle\frac{\mathrm{d}y}{\mathrm{d}x}=\frac{\dfrac{1+\dfrac{t}{\sqrt{1+t^2}}}{t+\sqrt{1+t^2}}}{\cos t-\dfrac{1}{1+t^2}}=\frac{\sqrt{1+t^2}}{\left(1+t^2\right)\cos t-1}$；

$$\frac{\mathrm{d}^2 y}{\mathrm{d}x^2} = \frac{\left(1+t^2\right)\left\{\left[\left(1+t^2\right)\cos t - 1\right]\dfrac{t}{\sqrt{1+t^2}} - \sqrt{1+t^2}\left[2t\cos t - \left(1+t^2\right)\sin t\right]\right\}}{\left[\left(1+t^2\right)\cos t - 1\right]^3}。$$

（3）解：$\dfrac{\mathrm{d}y}{\mathrm{d}x} = \dfrac{\cos t^2}{2\mathrm{e}^{-t^2}} = \dfrac{1}{2}\mathrm{e}^{t^2}\cos t^2$；$\dfrac{\mathrm{d}^2 y}{\mathrm{d}x^2}\bigg|_{t=\sqrt{\pi}} = \dfrac{t\mathrm{e}^{t^2}\cos t^2 - t\mathrm{e}^{t^2}\sin t^2}{2\mathrm{e}^{-t^2}}\bigg|_{t=\sqrt{\pi}} = -\dfrac{\sqrt{\pi}}{2}\mathrm{e}^{2\pi}$。

2. 解：$\dfrac{\mathrm{d}y}{\mathrm{d}x} = \dfrac{t}{2(t+1)^2}$；$\dfrac{\mathrm{d}^2 y}{\mathrm{d}x^2} = \dfrac{1-t}{4\left(1+t^4\right)}$。令$\dfrac{\mathrm{d}^2 y}{\mathrm{d}x^2} = 0$，得$t=1$。当$-1<t<1$时，

$\dfrac{\mathrm{d}^2 y}{\mathrm{d}x^2} > 0$，曲线凹；当$t>1$时，$\dfrac{\mathrm{d}^2 y}{\mathrm{d}x^2} < 0$，曲线凸。则当$-1<x<3$时，曲线凹；当$x>3$

时，曲线凸。拐点为$\left(3, 1-\ln 2\right)$。

3. 解：（1）$S_D = \displaystyle\int_0^{\frac{\pi}{2}}\left[a - a\left(1-\cos t\right)\right]a\left(1-\cos t\right)\mathrm{d}t +$

$\displaystyle\int_{\frac{\pi}{2}}^{\frac{3\pi}{2}}\left[a\left(1-\cos t\right) - a\right]a\left(1-\cos t\right)\mathrm{d}t + \int_{\frac{3\pi}{2}}^{2\pi}\left[a - a\left(1-\cos t\right)\right]a\left(1-\cos t\right)\mathrm{d}t = 4a^2$。

（2）$V_{y=a} = \displaystyle\int_0^{\frac{\pi}{2}}\pi\left[a - a\left(1-\cos t\right)\right]^2 a\left(1-\cos t\right)\mathrm{d}t +$

$\displaystyle\int_{\frac{\pi}{2}}^{\frac{3\pi}{2}}\pi\left[a\left(1-\cos t\right) - a\right]^2 a\left(1-\cos t\right)\mathrm{d}t + \int_{\frac{3\pi}{2}}^{2\pi}\pi\left[a - a\left(1-\cos t\right)\right]^2 a\left(1-\cos t\right)\mathrm{d}t =$

$\displaystyle\int_0^{2\pi}\pi a^3 \cos^2 t\left(1-\cos t\right)\mathrm{d}t = \pi^2 a^3$。

（3）$V_x =$

$2\left[\left(\pi a^3\left(\dfrac{\pi}{2}-1\right) - \displaystyle\int_0^{\frac{\pi}{2}}\pi a^3\left(1-\cos^3 t\right)\mathrm{d}t\right) + \left(\displaystyle\int_{\frac{\pi}{2}}^{\pi}\pi a^3\left(1-\cos^3 t\right)\mathrm{d}t - \pi a^3\left(\dfrac{\pi}{2}+1\right)\right)\right] = \dfrac{32}{3}\pi a^3$。

4. 解：方程两边关于x求导，得

$$-\mathrm{e}^{-y}y' + y - x + x\left(y'-1\right) = 1 \quad (*)$$

当$x=0$，$y=0$时，得$y'(0) = -1$。再对$(*)$式两边关于x求导，得

$$\mathrm{e}^{-y}\left[\left(-y'\right)^2 - y''\right] + 2\left(y'-1\right) + xy'' = 0$$

则$y''(0) = -3$，曲率$k = \dfrac{|y''|}{\left[1 + \left(y'\right)^2\right]^{\frac{3}{2}}} = \dfrac{3}{2\sqrt{2}}$。

5. 解：方程两边关于x求导，得

$$2x = \mathrm{e}^{-(y-x)^2}\left(y'-1\right) \quad (*)$$

得$y'(0) = 1$。再对$(*)$式两边关于x求导，得

$$2 = \mathrm{e}^{-(y-x)^2}y'' + \mathrm{e}^{-(y-x)^2}\left[-2\left(y-x\right)\left(y'-1\right)^2\right]$$

得 $y''(0)=2$，曲率 $k=\dfrac{|y''|}{\left[1+\left(y'\right)^2\right]^{\frac{3}{2}}}=\dfrac{1}{\sqrt{2}}$，曲率半径 $R=\sqrt{2}$。

无穷级数提高题答案

1. B

因为 $\displaystyle\sum_{n=1}^{\infty}(-1)^n\frac{k+n}{n^2}=\sum_{n=1}^{\infty}(-1)^n\frac{k}{n^2}+\sum_{n=1}^{\infty}(-1)^n\frac{1}{n}$，而 $\displaystyle\sum_{n=1}^{\infty}(-1)^n\frac{k}{n^2}$ 绝对收敛，$\displaystyle\sum_{n=1}^{\infty}(-1)^n\frac{1}{n}$

条件收敛，所以 $\displaystyle\sum_{n=1}^{\infty}(-1)^n\frac{k+n}{n^2}$ 条件收敛。

2. A

因为 $\left|\dfrac{\sin(na)}{n^2}\right|\le\dfrac{1}{n^2}$，所以 $\displaystyle\sum_{n=1}^{\infty}\frac{\sin(na)}{n^2}$ 绝对收敛，而 $\displaystyle\sum_{n=1}^{\infty}\frac{1}{\sqrt{n}}$ 为发散级数，所以得出

$\displaystyle\sum_{n=1}^{\infty}\left[\frac{\sin(na)}{n^2}-\frac{1}{\sqrt{n}}\right]$ 发散。

3. C

因为 $\displaystyle\lim_{n\to\infty}\frac{\left|(-1)^n\left(1-\cos\dfrac{a}{n}\right)\right|}{\dfrac{1}{n^2}}=\lim_{n\to\infty}\frac{1-\cos\dfrac{a}{n}}{\dfrac{1}{n^2}}=\lim_{n\to\infty}\frac{\dfrac{1}{2}\left(\dfrac{a}{n}\right)^2}{\dfrac{1}{n^2}}=\frac{a^2}{2}$，而 $\displaystyle\sum_{n=1}^{\infty}\frac{1}{n^2}$ 收敛，所以

$\displaystyle\sum_{n=1}^{\infty}(-1)^n\left(1-\cos\frac{a}{n}\right)$ 绝对收敛。

4. C

根据莱布尼茨定理，$\displaystyle\sum_{n=1}^{\infty}\mu_n$ 为收敛的交错级数，又 $\displaystyle\lim_{n\to\infty}\frac{\left[\ln\left(1+\dfrac{1}{\sqrt{n}}\right)\right]^2}{\left(\dfrac{1}{\sqrt{n}}\right)^2}=1$，而

$\displaystyle\sum_{n=1}^{\infty}\left(\frac{1}{\sqrt{n}}\right)^2=\sum_{n=1}^{\infty}\frac{1}{n}$ 为发散级数，故 $\displaystyle\sum_{n=1}^{\infty}\mu_n^2$ 发散。

5. D

（A）因为 $\displaystyle\sum_{n=1}^{\infty}(a_n+a_{n+1})=\sum_{n=1}^{\infty}a_n+\sum_{n=1}^{\infty}a_{n+1}=\sum_{n=1}^{\infty}a_n+\sum_{n=2}^{\infty}a_n=a_1+2\sum_{n=1}^{\infty}a_n$，而 $\displaystyle\sum_{n=1}^{\infty}a_n$ 收敛，

所以 $\displaystyle\sum_{n=1}^{\infty}(a_n+a_{n+1})$ 必收敛。

（B）因为 $\displaystyle\sum_{n=1}^{\infty}\left(a_n^2-a_{n+1}^2\right)=a_1^2-a_2^2+a_2^2-a_3^2+\cdots+a_n^2-a_{n+1}^2+\cdots=a_1^2$，所以

$\displaystyle\sum_{n=1}^{\infty}\left(a_n^2-a_{n+1}^2\right)$ 必收敛。

（C）因为 $\sum\limits_{n=1}^{\infty}\left(a_{2n}+a_{2n+1}\right)=a_2+a_3+a_4+a_5+\cdots+a_{2n}+a_{2n+1}+\cdots=\sum\limits_{n=1}^{\infty}a_n-a_1$ ，所以

$\sum\limits_{n=1}^{\infty}\left(a_{2n}+a_{2n+1}\right)$ 必收敛。

（D）$\sum\limits_{n=1}^{\infty}\left(a_{2n}-a_{2n+1}\right)=a_2-a_3+a_4-a_5+\cdots+a_{2n}-a_{2n+1}+\cdots=\sum\limits_{n=2}^{\infty}\left(-1\right)^n a_n$ 未必收敛，

例如 $\sum\limits_{n=1}^{\infty}\dfrac{\left(-1\right)^n}{n}$ 收敛，但 $\sum\limits_{n=2}^{\infty}\left(-1\right)^n a_n=\sum\limits_{n=2}^{\infty}\dfrac{1}{n}$ 发散。

6．B

因为 $\sum\limits_{n=1}^{\infty}a_n$ 条件收敛，所以 $\sum\limits_{n=1}^{\infty}a_n\left(x-1\right)^n$ 在点 $x=2$ 处条件收敛，故其收敛半径为 $R=1$ ，

收敛区间为 $\left(0,2\right)$ ，故点 $x=\sqrt{3}\in\left(0,2\right)$ 为 $\sum\limits_{n=1}^{\infty}a_n\left(x-1\right)^n$ 的收敛点，点 $x=3\notin\left(0,2\right)$ 为

$\sum\limits_{n=1}^{\infty}a_n\left(x-1\right)^n$ 的发散点。

7．（1）解：因为 $\lim\limits_{n\to\infty}\dfrac{u_{n+1}}{u_n}=\lim\limits_{n\to\infty}\dfrac{\left(n+2\right)!}{\left(n+1\right)^{n+2}}\cdot\dfrac{n^{n+1}}{\left(n+1\right)!}=\lim\limits_{n\to\infty}\dfrac{\left(n+2\right)\cdot n}{\left(n+1\right)^2}\left(\dfrac{n}{n+1}\right)^n=$

$\lim\limits_{n\to\infty}\dfrac{1+\dfrac{2}{n}}{\left(1+\dfrac{1}{n}\right)^2}\cdot\dfrac{1}{\left(1+\dfrac{1}{n}\right)^n}=\dfrac{1}{\mathrm{e}}<1$ ，所以级数 $\sum\limits_{n=1}^{\infty}\dfrac{\left(n+1\right)!}{n^{n+1}}$ 收敛。

（2）解：因为 $\dfrac{u_{n+1}}{u_n}=\dfrac{\mathrm{e}^{n+1}\left(n+1\right)!}{\left(n+1\right)^{n+1}}\cdot\dfrac{n^n}{\mathrm{e}^n\cdot n!}=\mathrm{e}\cdot\dfrac{1}{\left(1+\dfrac{1}{n}\right)^n}>1\left(n=1,2,\cdots\right)$ ，所以 $u_n>u_{n-1}>$

$\cdots>u_1=\mathrm{e}$ ，从而 $\lim\limits_{n\to\infty}u_n\neq0$ ，级数 $\sum\limits_{n=1}^{\infty}\dfrac{\mathrm{e}^n\cdot n!}{n^n}$ 发散。

（3）解：因为 $\lim\limits_{n\to\infty}\sqrt[n]{u_n}=\lim\limits_{n\to\infty}\dfrac{\left(n+1\right)^{\frac{\ln n}{n}}}{\ln n}=\lim\limits_{n\to\infty}\dfrac{\mathrm{e}^{\frac{\ln n}{n}\ln\left(n+1\right)}}{\ln n}=0$ ，所以级数 $\sum\limits_{n=2}^{\infty}\dfrac{\left(n+1\right)^{\ln n}}{\left(\ln n\right)^n}$ 收敛。

（ $\lim\limits_{x\to\infty}\dfrac{\ln x\cdot\ln\left(x+1\right)}{x}=\lim\limits_{x\to\infty}\dfrac{\dfrac{1}{x}\ln\left(x+1\right)+\dfrac{1}{x+1}\ln x}{1}=\lim\limits_{x\to\infty}\dfrac{\ln\left(x+1\right)}{x}+\lim\limits_{x\to\infty}\dfrac{\ln x}{x+1}=\lim\limits_{x\to\infty}\dfrac{\dfrac{1}{x+1}}{1}+$

$\lim\limits_{x\to\infty}\dfrac{\dfrac{1}{x}}{1}=0$ 。）

（4）解：因为 $\lim\limits_{n\to\infty}\dfrac{\dfrac{1}{\sqrt[3]{n}}\left(1-\cos\dfrac{1}{\sqrt{n}}\right)}{\dfrac{1}{n^{\frac{4}{3}}}}=\lim\limits_{n\to\infty}\dfrac{\dfrac{1}{\sqrt[3]{n}}\cdot\dfrac{1}{2}\left(\dfrac{1}{\sqrt{n}}\right)^{2}}{\dfrac{1}{n^{\frac{4}{3}}}}=\dfrac{1}{2}$，而 $\sum\limits_{n=1}^{\infty}\dfrac{1}{n^{\frac{4}{3}}}$ 收敛，所以级数

$\sum\limits_{n=1}^{\infty}\dfrac{1}{\sqrt[3]{n}}\left(1-\cos\dfrac{1}{\sqrt{n}}\right)$ 收敛。

（5）解：因为 $\lim\limits_{n\to\infty}\dfrac{\dfrac{4^{n}}{5^{n}-3^{n}}}{\left(\dfrac{4}{5}\right)^{n}}=\lim\limits_{n\to\infty}\dfrac{5^{n}}{5^{n}-3^{n}}=\lim\limits_{n\to\infty}\dfrac{1}{1-\left(\dfrac{3}{5}\right)^{n}}=1$，而 $\sum\limits_{n=1}^{\infty}\left(\dfrac{4}{5}\right)^{n}$ 收敛，所以级数

$\sum\limits_{n=1}^{\infty}\dfrac{4^{n}}{5^{n}-3^{n}}$ 收敛。

（6）解：$\sqrt{n^{4}+1}-\sqrt{n^{4}-1}=\dfrac{2}{\sqrt{n^{4}+1}+\sqrt{n^{4}-1}}$，因为 $\lim\limits_{n\to\infty}\dfrac{\dfrac{2}{\sqrt{n^{4}+1}+\sqrt{n^{4}-1}}}{\dfrac{1}{n^{2}}}=$

$\lim\limits_{n\to\infty}\dfrac{2}{\sqrt{1+\dfrac{1}{n^{4}}}+\sqrt{1-\dfrac{1}{n^{4}}}}=1$，而 $\sum\limits_{n=1}^{\infty}\dfrac{1}{n^{2}}$ 收敛，所以级数 $\sum\limits_{n=1}^{\infty}\left(\sqrt{n^{4}+1}-\sqrt{n^{4}-1}\right)$ 收敛。

8．解：当 $\alpha>0$ 时，有

$$\lim\limits_{x\to+\infty}\dfrac{\ln x}{x^{\alpha}}=0$$

所以，当 n 充分大，有

$$\dfrac{\ln n}{n^{\alpha}}<1$$

从而有

$$0\leqslant\dfrac{\ln n}{n^{1+2\alpha}}=\dfrac{\ln n}{n^{\alpha}}\cdot\dfrac{1}{n^{1+\alpha}}<\dfrac{1}{n^{1+\alpha}}$$

因为 $\alpha>0$，所以，级数 $\sum\limits_{n=1}^{\infty}\dfrac{1}{n^{1+\alpha}}$ 收敛，由比较判别法，级数 $\sum\limits_{n=1}^{\infty}\dfrac{\ln n}{n^{1+2\alpha}}$ 收敛。

9．（1）解：因为

$$\left|(-1)^{n-1}\left(\sqrt[n]{n}-1\right)\right|=\sqrt[n]{n}-1=e^{\frac{\ln n}{n}}-1$$

而

$$\lim\limits_{n\to\infty}\dfrac{e^{\frac{\ln n}{n}}-1}{\dfrac{1}{n}}=\lim\limits_{n\to\infty}\dfrac{\dfrac{\ln n}{n}}{\dfrac{1}{n}}=\lim\limits_{n\to\infty}\ln n=+\infty$$

由于 $\sum\limits_{n=1}^{\infty}\dfrac{1}{n}$ 发散，所以级数 $\sum\limits_{n=1}^{\infty}\left|(-1)^{n-1}\left(\sqrt[n]{n}-1\right)\right|$ 发散。

对 $\sqrt[n]{n}-1=\mathrm{e}^{\frac{\ln n}{n}}-1$，令

$$f\left(x\right)=\frac{\ln x}{x}$$

得

$$f^{'}\left(x\right)=\left(\frac{\ln x}{x}\right)^{'}=\frac{\dfrac{1}{x}\cdot x-\ln x}{x^{2}}=\frac{1-\ln x}{x^{2}}$$

当 $x\geqslant 3$ 时，$f'\left(x\right)<0$，即 $n\geqslant 3$ 时，$\sqrt[n+1]{n+1}-1\leqslant\sqrt[n]{n}-1$，且 $\lim\limits_{n\to\infty}\left(\sqrt[n]{n}-1\right)=0$，根据莱布尼茨定理，级数 $\sum\limits_{n=1}^{\infty}(-1)^{n-1}\left(\sqrt[n]{n}-1\right)$ 条件收敛。

（2）解：因为 $\lim\limits_{n\to\infty}\left|\dfrac{u_{n+1}}{u_{n}}\right|=\lim\limits_{n\to\infty}\left|\dfrac{2^{(n+1)^{2}}}{(n+1)!}\cdot\dfrac{n!}{2^{n^{2}}}\right|=\lim\limits_{n\to\infty}\dfrac{2^{2n+1}}{n+1}=+\infty$，且 $\left|\dfrac{u_{n+1}}{u_{n}}\right|>1$，所以 $\lim\limits_{n\to\infty}u_{n}\ne 0$，级数 $\sum\limits_{n=1}^{\infty}(-1)^{n+1}\dfrac{2^{n^{2}}}{n!}$ 发散。

（3）解：因为 $\lim\limits_{n\to\infty}\dfrac{\left|(-1)^{n-1}\dfrac{1}{n+\sin n}\right|}{\dfrac{1}{n}}=\lim\limits_{n\to\infty}\dfrac{n}{n+\sin n}=\lim\limits_{n\to\infty}\dfrac{1}{1+\dfrac{\sin n}{n}}=1$，而 $\sum\limits_{n=1}^{\infty}\dfrac{1}{n}$ 发散，所以 $\sum\limits_{n=1}^{\infty}\left|(-1)^{n-1}\dfrac{1}{n+\sin n}\right|$ 发散。又 $\left\{\dfrac{1}{n+\sin n}\right\}$ 单调递减且 $\lim\limits_{n\to\infty}\dfrac{1}{n+\sin n}=0$，根据莱布尼茨定理，级数 $\sum\limits_{n=1}^{\infty}(-1)^{n-1}\dfrac{1}{n+\sin n}$ 条件收敛。

（4）解：因为 $\sum\limits_{n=1}^{\infty}\dfrac{(-1)^{n}}{\sqrt{n}}$ 条件收敛，$\sum\limits_{n=1}^{\infty}\dfrac{1}{n}$ 发散，所以级数 $\sum\limits_{n=1}^{\infty}\left[\dfrac{(-1)^{n}}{\sqrt{n}}+\dfrac{1}{n}\right]$ 发散。

（5）解：因为 $\lim\limits_{n\to\infty}\dfrac{\left|\dfrac{(-1)^{n}\sqrt{n}}{n-1}\right|}{\dfrac{1}{\sqrt{n}}}=\lim\limits_{n\to\infty}\dfrac{n}{n-1}=1$，而 $\sum\limits_{n=1}^{\infty}\dfrac{1}{\sqrt{n}}$ 发散，所以 $\sum\limits_{n=2}^{\infty}\left|\dfrac{(-1)^{n}\sqrt{n}}{n-1}\right|$ 发散。

令 $f\left(x\right)=\dfrac{\sqrt{x}}{x-1}$，$f'\left(x\right)=\dfrac{-x-1}{2\sqrt{x}\left(x-1\right)^{2}}<0$，从而 $\left\{\dfrac{\sqrt{n}}{n-1}\right\}$ 单调递减，又 $\lim\limits_{n\to\infty}\dfrac{\sqrt{n}}{n-1}=0$，根据莱布尼茨定理，级数 $\sum\limits_{n=2}^{\infty}\dfrac{(-1)^{n}\sqrt{n}}{n-1}$ 条件收敛。

10. 证明：设原级数为 $\sum\limits_{n=2}^{\infty}(-1)^{n+1}u_n$，$u_n=\int_n^{n+1}\dfrac{1}{\ln x}\mathrm{d}x>0$，则

$$u_{n+1}=\int_{n+1}^{n+2}\frac{1}{\ln x}\mathrm{d}x\leqslant\int_{n+1}^{n+2}\frac{1}{\ln(n+1)}\mathrm{d}x=\frac{1}{\ln(n+1)}\leqslant\int_n^{n+1}\frac{1}{\ln x}\mathrm{d}x=u_n$$

又

$$0\leqslant\lim_{n\to\infty}u_n\leqslant\lim_{n\to\infty}\frac{1}{\ln n}=0$$

即

$$\lim_{n\to\infty}u_n=0$$

于是原级数收敛，又因

$$u_n=\int_n^{n+1}\frac{1}{\ln x}\mathrm{d}x\geqslant\frac{1}{\ln(n+1)}\geqslant\frac{1}{n+1}(n\geqslant2)$$

故 $\sum\limits_{n=2}^{\infty}u_n$ 发散，因此原级数条件收敛。

11.（1）解：因为

$$\lim_{n\to\infty}\left|\frac{u_{n+1}}{u_n}\right|=\lim_{n\to\infty}\left|\frac{(2x+1)^{n+1}}{3n+2}\cdot\frac{3n-1}{(2x+1)^n}\right|=\lim_{n\to\infty}\left|2x+1\right|\cdot\frac{3n-1}{3n+2}=\left|2x+1\right|$$

所以，当 $\left|2x+1\right|<1$ 时，原级数收敛；当 $\left|2x+1\right|>1$ 时，原级数发散；当 $2x+1=1$ 时，原级数为 $\sum\limits_{n=1}^{\infty}\dfrac{1}{3n-1}$，发散；当 $2x+1=-1$ 时，原级数为 $\sum\limits_{n=1}^{\infty}\dfrac{(-1)^n}{3n-1}$，根据莱布尼茨定理，收敛。所以收敛半径 $R=\dfrac{1}{2}$，收敛区间为 $(-1,0)$，收敛域为 $[-1,0)$。

（2）解：因为

$$\lim_{n\to\infty}\left|\frac{u_{n+1}}{u_n}\right|=\lim_{n\to\infty}\left|\frac{(2n+2)!x^{2n+2}}{[(n+1)!]^2}\cdot\frac{(n!)^2}{(2n)!x^{2n}}\right|=\lim_{n\to\infty}\left|\frac{(2n+1)(2n+2)x^2}{(n+1)(n+1)}\right|=4x^2$$

所以当 $4x^2<1$ 时，级数收敛；当 $4x^2>1$ 时，级数发散；当 $x=\pm\dfrac{1}{2}$ 时，原级数为

$$\sum_{n=0}^{\infty}\frac{(2n)!}{(n!)^2}\cdot\frac{1}{4^n}$$

令

$$u_n=\frac{(2n)!}{(n!)^2}\cdot\frac{1}{4^n}=\frac{(2n)!}{(2^n\cdot n!)(2^n\cdot n!)}=\frac{1\cdot2\cdot3\cdot4\cdots(2n-1)(2n)}{(2\cdot4\cdot6\cdots2n)(2\cdot4\cdot6\cdots2n)}=\frac{1\cdot3\cdot5\cdots(2n-1)}{2\cdot4\cdot6\cdots2n}$$

$$=1\cdot\frac{3}{2}\cdot\frac{5}{4}\cdot\frac{7}{6}\cdots\frac{2n-1}{2n-2}\cdot\frac{1}{2n}>\frac{1}{2n}$$

得 $\sum\limits_{n=0}^{\infty}\dfrac{(2n)!}{(n!)^2}\cdot\dfrac{1}{4^n}$ 发散。

所以收敛半径 $R = \dfrac{1}{2}$，收敛区间为 $\left(-\dfrac{1}{2}, \dfrac{1}{2}\right)$，收敛域为 $\left(-\dfrac{1}{2}, \dfrac{1}{2}\right)$。

12．解：由

$$f(x) = \arctan \frac{1-2x}{1+2x}$$

得

$$f'(x) = \frac{-2}{1+4x^2} = -2\sum_{n=0}^{\infty} (-1)^n 4^n x^{2n}, \quad |x| < \frac{1}{2}$$

$$f(x) = \int_0^x f'(x)\mathrm{d}x + f(0) = \frac{\pi}{4} - 2\sum_{n=0}^{\infty} \frac{(-1)^n 4^n}{2n+1} x^{2n+1}$$

当 $x = \dfrac{1}{2}$ 时，$0 = \dfrac{\pi}{4} - 2\sum_{n=0}^{\infty} \dfrac{(-1)^n 4^n}{2n+1} \dfrac{1}{2^{2n+1}}$，得

$$\sum_{n=0}^{\infty} \frac{(-1)^n}{2n+1} = \frac{\pi}{4}$$

13．解：由 $f(x) = x\arctan x - \dfrac{1}{2}\ln(1+x^2)$，$f'(x) = \arctan x$，$f''(x) = \dfrac{1}{1+x^2}$，展开得到

$$f''(x) = \sum_{n=0}^{\infty} (-1)^n x^{2n} \quad x \in (-1,1)$$

两边积分，得

$$f'(x) = f'(0) + \sum_{n=0}^{\infty} \frac{(-1)^n}{2n+1} x^{2n+1} = \sum_{n=0}^{\infty} \frac{(-1)^n}{2n+1} x^{2n+1} \quad x \in (-1,1)$$

两边再次积分，得

$$f(x) = f(0) + \sum_{n=0}^{\infty} \frac{(-1)^n}{(2n+1)(2n+2)} x^{2n+2} = \sum_{n=0}^{\infty} \frac{(-1)^n}{(2n+1)(2n+2)} x^{2n+2} \quad x \in (-1,1)$$

右边级数在 $x = \pm 1$ 处收敛，左边函数在 $x = \pm 1$ 处连续，所以成立范围可扩大到 $[-1,1]$。

14．解：因为

$$\frac{1}{1+x^2} = \sum_{n=0}^{\infty} (-1)^n x^{2n}, \quad x \in (-1,1)$$

故

$$\arctan x = \int_0^x (\arctan x)' \,\mathrm{d}x = \sum_{n=0}^{\infty} \frac{(-1)^n}{2n+1} x^{2n+1}, \quad x \in [-1,1]$$

于是有

$$f(x) = 1 + \sum_{n=1}^{\infty} \frac{(-1)^n}{2n+1} x^{2n} + \sum_{n=0}^{\infty} \frac{(-1)^n}{2n+1} x^{2n+2} = 1 + \sum_{n=1}^{\infty} \frac{(-1)^n}{2n+1} x^{2n} + \sum_{n=1}^{\infty} \frac{(-1)^{n-1}}{2n-1} x^{2n} = 1 +$$

$$2\sum_{n=1}^{\infty} \frac{(-1)^n}{1-4n^2} x^{2n}, \quad x \in [-1,1]$$

因此 $\sum_{n=1}^{\infty}\dfrac{(-1)^n}{1-4n^2}=\dfrac{1}{2}\left[f(1)-1\right]=\dfrac{\pi}{4}-\dfrac{1}{2}$ 。

15. 解：设

$$s(x)=\sum_{n=1}^{\infty}\left(\frac{1}{2n+1}-1\right)x^{2n}, \quad s_1(x)=\sum_{n=1}^{\infty}\frac{1}{2n+1}x^{2n}, \quad s_2(x)=\sum_{n=1}^{\infty}x^{2n}$$

则

$$s(x)=s_1(x)-s_2(x), \quad x\in(-1,1)$$

由于

$$s_2(x)=\sum_{n=1}^{\infty}x^{2n}=\frac{x^2}{1-x^2}, \quad \left(xs_1(x)\right)'=\sum_{n=1}^{\infty}x^{2n}=\frac{x^2}{1-x^2}, \quad x\in(-1,1)$$

因此

$$xs_1(x)=\int_0^x\frac{t^2}{1-t^2}\,\mathrm{d}t=-x+\frac{1}{2}\ln\frac{1+x}{1-x}$$

又由于

$$s_1(0)=0$$

故

$$s_1(x)=\begin{cases}-1+\dfrac{1}{2x}\ln\dfrac{1+x}{1-x}, & |x|\in(0,1)\\[2mm] 0, & x=0\end{cases}$$

所以

$$s(x)=s_1(x)-s_2(x)=\begin{cases}\dfrac{1}{2x}\ln\dfrac{1+x}{1-x}-\dfrac{1}{1-x^2}, & |x|\in(0,1)\\[2mm] 0, & x=0\end{cases}$$

16. 解：$\rho=\lim\limits_{n\to\infty}\left|\dfrac{\dfrac{1}{(n+1)\cdot 2^{n+1}}}{\dfrac{1}{n\cdot 2^n}}\right|=\dfrac{1}{2}$ ，所以收敛半径 $R=2$ ，收敛区间为 $(-2,2)$ ，易见

在 $x=-2$ 处收敛，在 $x=2$ 处发散，故收敛域为 $[-2,2)$ 。

设

$$s(x)=\sum_{n=1}^{\infty}\frac{x^{n-1}}{n\cdot 2^n}$$

$$xs(x)=\sum_{n=1}^{\infty}\frac{x^n}{n\cdot 2^n}$$

$$\left(xs(x)\right)'=\sum_{n=1}^{\infty}\frac{x^{n-1}}{2^n}=\frac{1}{2}\sum_{n=1}^{\infty}\left(\frac{x}{2}\right)^{n-1}=\frac{1}{2}\cdot\frac{1}{1-\dfrac{x}{2}}=\frac{1}{2-x}, \quad -2<x<2$$

因此

$$xs(x) = \int_0^x \frac{1}{2-x} dx = \ln 2 - \ln(2-x), \quad s(x) = \frac{-\ln\left(1-\dfrac{x}{2}\right)}{x}, \quad -2 < x < 2, \quad x \neq 0$$

此外，当 $x = 0$ 时，由 $s(x)$ 的表达式

$$s(x) = \frac{1}{2} + \frac{1}{8}x + \cdots$$

知

$$s(0) = \frac{1}{2}$$

又 $\sum\limits_{n=1}^{\infty} \dfrac{1}{n \cdot 2^n} x^{n-1}$ 在 $x = -2$ 处收敛，所以 $s(x)$ 在 $x = -2$ 处连续，因此得

$$s(x) = \begin{cases} -\dfrac{1}{x} \ln\left(1-\dfrac{x}{2}\right), & -2 \leqslant x < 2, x \neq 0 \\[3mm] \dfrac{1}{2}, & x = 0 \end{cases}$$

17. 解：$\rho = \lim\limits_{n\to\infty} \left| \dfrac{\dfrac{n+1}{n!}}{\dfrac{n}{(n-1)!}} \right| = \lim\limits_{n\to\infty} \dfrac{n+1}{n^2} = 0$，所以收敛半径 $R = +\infty$，收敛域为 $(-\infty, +\infty)$。

设

$$s(x) = \sum_{n=1}^{\infty} \frac{n x^{n-1}}{(n-1)!} = \sum_{n=0}^{\infty} \frac{(n+1) x^n}{n!} = \left(\sum_{n=0}^{\infty} \frac{x^{n+1}}{n!} \right)' = \left(x \sum_{n=0}^{\infty} \frac{x^n}{n!} \right)' = (x e^x)' = (x+1) e^x$$

于是

$$s(x) = (x+1) e^x, \quad x \in (-\infty, +\infty)$$

18. 解：因为

$$\lim_{n\to\infty} \left| \frac{\dfrac{(-1)^{n+1}}{(2n+3)} x^{2n+4}}{\dfrac{(-1)^n}{(2n+1)} x^{2n+2}} \right| = \lim_{n\to\infty} \frac{x^2 (2n+1)}{(2n+3)} = x^2$$

当 $x^2 < 1$ 时收敛，当 $x^2 > 1$ 时发散，当 $x = \pm 1$ 时，级数 $\sum\limits_{n=0}^{\infty} \dfrac{(-1)^n}{2n+1}$ 收敛，所以收敛域为 $[-1, 1]$。

设

$$s(x) = \sum_{n=0}^{\infty} \frac{(-1)^n}{2n+1} x^{2n+2} = x \sum_{n=0}^{\infty} \frac{(-1)^n}{2n+1} x^{2n+1}$$

设

$$g(x) = \sum_{n=0}^{\infty} \frac{(-1)^n}{2n+1} x^{2n+1}$$

$$g'(x) = \sum_{n=0}^{\infty} (-1)^n x^{2n} = \frac{1}{1+x^2} , \quad -1 < x < 1$$

因此

$$g(x) - g(0) = \int_0^x \frac{1}{1+x^2} \, dx = \arctan x$$

又

$$g(0) = 0 , \quad g(x) = \arctan x , \quad s(x) = x \arctan x , \quad -1 < x < 1$$

又 $\sum_{n=0}^{\infty} \frac{(-1)^n}{2n+1} x^{2n+2}$ 在 $x = \pm 1$ 处收敛，所以 $s(x)$ 在 $x = \pm 1$ 处连续，于是

$$s(x) = x \arctan x , \quad -1 \le x \le 1$$

$$s(1) = \sum_{n=0}^{\infty} \frac{(-1)^n}{2n+1} = \arctan 1 = \frac{\pi}{4}$$

即级数 $\sum_{n=0}^{\infty} \frac{(-1)^n}{2n+1} = \frac{\pi}{4}$。

19. 证明：（1）由拉格朗日中值定理，得

$$\left| f\left(\frac{1}{2^n}\right) - f\left(\frac{1}{2^{n+1}}\right) \right| = f'(\xi)\left(\frac{1}{2^n} - \frac{1}{2^{n+1}}\right) = f'(\xi)\frac{1}{2^{n+1}} \le M\left(\frac{1}{2^{n+1}}\right)$$

而 $\sum_{n=1}^{\infty} \frac{1}{2^{n+1}}$ 收敛，所以 $\sum_{n=1}^{\infty} \left(f\left(\frac{1}{2^n}\right) - f\left(\frac{1}{2^{n+1}}\right) \right)$ 绝对收敛。

（2）设 $s_n = f\left(\frac{1}{2}\right) - f\left(\frac{1}{2^{n+1}}\right)$，因为 $\lim_{n \to \infty} s_n$ 存在，所以 $\lim_{n \to \infty} f\left(\frac{1}{2^n}\right)$ 存在。

附录 C.3 考试样卷答案

《微积分Ⅰ》期中考试样卷（一）答案

一、计算题

1. 1。

2. $-\dfrac{1}{2}$。

3. 1。

4. $e^{\frac{1}{2}}$。

5. $\dfrac{1}{2}$。

6. $y' = ex^{e-1} + e^x + x^x(\ln x + 1)$。

7. $dy = \left[2e^\pi \sec^2 2x + \dfrac{6(\arcsin 2x)^2}{\sqrt{1-4x^2}}\right]dx$。

8. $y' = f'(\ln x)\dfrac{1}{x} + \dfrac{f'(x)}{f(x)}$；$y'' = \dfrac{f''(\ln x) - f'(\ln x)}{x^2} - \dfrac{[f'(x)]^2}{f^2(x)} + \dfrac{f''(x)}{f(x)}$。

9. $(-\infty, -1]$单调递增，$[-1,3]$单调递减，$[3,+\infty)$单调递增。

二、综合题

1. 切线方程：$y = -3x + 4$，

   法线方程：$y = \dfrac{1}{3}x + \dfrac{2}{3}$。

2. $-f'(0)$。

3. $dy = \left[\dfrac{e^x}{1+e^{2x}} - \dfrac{1}{2} + \dfrac{e^x}{2(e^x+1)}\right]dx$。

4. $a = 2$，$b = 1$。

三、证明题

略。

四、填空与选择填空题

1. $2^{\frac{3}{7}}$。

2. $e^{-3} - 2$。

3. 4，2。

4. 可去间断点。

5. $2^{2015}\sin\left(2x+1+\dfrac{2015}{2}\pi\right)$。

6. $2\sqrt{x}$，$-\cos x$，$\sec x$，$\dfrac{1}{4}x^4$。

《微积分 I》期中考试样卷（二）答案

一、计算题

1. $e^{\frac{1}{2}}$。

2. $-\dfrac{1}{2}$。

3. $-\dfrac{1}{2}$。

4. $-\dfrac{1}{3}$。

5. e。

6. $y' = ex^{e-1} + (3e)^x \ln(3e) + 3e^{3x}$，$y'' = e(e-1)x^{e-2} + (3e)^x [\ln(3e)]^2 + 9e^{3x}$。

7. $dy = \left[(\sin x)^x (\ln \sin x + x \cot x) + \dfrac{6(\arcsin 2x)^2}{\sqrt{1-4x^2}} \right] dx$。

8. $\dfrac{dy}{dx} = f'(\tan x)\sec^2 x + \dfrac{f'(x)}{1 + f^2(x)}$。

9. $\dfrac{dy}{dx} = -\dfrac{2x+y}{x+3y^2}$，$\left.\dfrac{dy}{dx}\right|_{x=0} = -\dfrac{1}{3}$。

10. $dy = \left[e^x \sec(e^x)\tan(e^x) - \dfrac{1}{2(e^x+1)} \right] dx$。

二、综合题

1. 切线方程：$y = (e-1)x + e$，法线方程：$y = \dfrac{x}{1-e} + e$。

2. $e^{\frac{f'(x_0)}{f(x_0)}}$。

3. $y^{(2016)}(x) = x \cdot 2^{2016} \dfrac{(-1)^{2015}(2015)!}{(2x+3)^{2016}} + 2016 \cdot 2^{2015} \dfrac{(-1)^{2014}(2014)!}{(2x+3)^{2015}}$。

4. $a = 2$，$b = 1$。

三、证明题

提示：令 $G(x) = xf(x)$。

四、填空和选择填空题

1. 2，100。

2. $e^{-3} - 2$。

3. $\dfrac{1}{3}$，3。

4. $-\dfrac{1}{30}$。

5. $e^{f(x)}$。

6．C。

7．C。

8．A。

《微积分Ⅰ》期末考试样卷（一）答案

一、极限题

1．$\dfrac{1}{2}$。

2．$e^{\frac{1}{2}}$。

3．$\dfrac{1}{2}$。

4．-2。

二、导数题

1．$y'=2\cos\dfrac{1}{x}\cdot\left(-\sin\dfrac{1}{x}\right)\cdot\left(-\dfrac{1}{x^2}\right)+x^{\arctan x}\left(\dfrac{\ln x}{1+x^2}+\dfrac{\arctan x}{x}\right)$。

2．$\dfrac{\mathrm{d}y}{\mathrm{d}x}=\dfrac{2x-y}{x-3y^2}$，$\mathrm{d}y=\dfrac{2x-y}{x-3y^2}\mathrm{d}x$。

3．$y=\dfrac{\sqrt{2}}{2}(x-2)$。

三、积分题

1．$-2\left(4-x^2\right)^{\frac{1}{2}}-\arcsin\dfrac{x}{2}+C$。

2．$-\dfrac{1}{2}x\cos 2x+\dfrac{1}{4}\sin 2x+C$。

3．$\dfrac{\pi}{4}+\ln\dfrac{3}{2}$。

4．1。

四、导数与积分应用题

1．（1）$y_{\max}=\dfrac{1}{2}e^{-1}$，无最小值。

（2）凸区间：$(-\infty,1]$，凹区间：$[1,+\infty)$，拐点：$(1,e^{-2})$。

2．（1）$\dfrac{4}{3}$。（2）$V_x=\dfrac{3}{2}\pi$。

五、级数题

1．发散。

2．$R=1$，收敛区间$(-1,1)$，$s(x)=\dfrac{x}{(1-x)^2}$，$|x|<1$，$\displaystyle\sum_{n=0}^{\infty}\dfrac{n+1}{3^n}=\dfrac{9}{4}$。

六、证明题

1．略。

2．提示：令$x=\dfrac{\pi}{2}-t$，积分值为$\dfrac{\pi}{4}$。

《微积分Ⅰ》期末考试样卷（二）答案

1. $\dfrac{3}{2}$ 。

2. e^{-3} 。

3. $\dfrac{1}{2}$ 。

4. $\dfrac{dy}{dx}=\dfrac{1}{2\sqrt{x(1-x)}}+\cos x\cdot\sqrt{1+\sin^4 x}$ ， $dy=\left[\dfrac{1}{2\sqrt{x(1-x)}}+\cos x\cdot\sqrt{1+\sin^4 x}\right]dx$ 。

5. $\dfrac{dy}{dx}=\dfrac{y^2-2e^{2x+y}}{e^{2x+y}-2xy}$ ，切线方程： $y=-2x$ 。

6. $\dfrac{dy}{dx}=3\left(1+t^2\right)$ ， $\dfrac{d^2 y}{dx^2}=\dfrac{6\left(1+t^2\right)}{t}$ 。

7. $\dfrac{3^{x-2}}{\ln 3}+\dfrac{1}{3}\left(4+x^2\right)^{\frac{3}{2}}-\dfrac{1}{\sin x}+C$ 。

8. $-\dfrac{3}{2}\ln|x-1|+\dfrac{5}{2}\ln|x-3|+C$ 。

9. $-\dfrac{1}{2}\left(\sqrt{x+1}\cos 4\sqrt{x+1}-\dfrac{1}{4}\sin 4\sqrt{x+1}\right)+C$ 。

10. （1）最大值： $e^{\frac{1}{4}}$ ，最小值 e^{-2} ；（2） $2e^{-2}\leqslant\displaystyle\int_0^2 f(x)dx\leqslant 2e^{\frac{1}{4}}$ 。

11. 略。

12. 凹区间为： $(-\infty,0)$ ， $[1,+\infty)$ ；凸区间为： $(0,1)$ ；拐点 $(1,0)$ 。

13. （1） $A=2(\pi-1)$ ；（2） $V=\dfrac{29}{6}\pi^2$ 。

14. （1）收敛；（2）收敛。

15. $f(x)=\displaystyle\sum_{n=0}^{\infty}\dfrac{1}{5}\left[-1+\dfrac{(-1)^{n+1}}{4^{n+1}}\right](x-1)^n$ ， $0<x<2$ 。

16. 提示： $\left|f\left(\dfrac{n-1}{n}\right)-f\left(\dfrac{n}{n+1}\right)\right|=\left|f'(\xi)\left(\dfrac{n-1}{n}-\dfrac{n}{n+1}\right)\right|\leqslant\dfrac{1}{n(n+1)}<\dfrac{1}{n^2}$ 。

《微积分Ⅰ》期末考试样卷（三）答案

1. 解：对方程 $x^2+y=\tan(x-y)$ 两边关于 x 求导数，有

$$2x+y'=\sec^2(x-y)(1-y')$$

以 $x=0$ ， $y=0$ 代入，有

$$y'(0)=1-y'(0)$$

所以有

$$y'(0)=\dfrac{1}{2}$$

对方程 $2x + y' = \sec^2(x-y)(1-y')$ 的两边关于 x 求导数，有

$$2 + y'' = 2\sec^2(x-y)\tan(x-y)(1-y') + \sec^2(x-y)(-y'')$$

以 $x = 0$，$y(0) = 0$，$y'(0) = \dfrac{1}{2}$ 代入，有

$$2 + y''(0) = -y''(0)$$

所以有

$$y''(0) = -1$$

2. 解：$\dfrac{dx}{dt} = 2e^{-t^2}$，$\dfrac{dy}{dt} = \cos t^2$，$\dfrac{dy}{dx} = \dfrac{\dfrac{dy}{dt}}{\dfrac{dx}{dt}} = \dfrac{\cos t^2}{2e^{-t^2}} = \dfrac{1}{2}e^{t^2}\cos t^2$，$\dfrac{d^2 y}{dx^2} = \dfrac{\dfrac{d}{dt}\left(\dfrac{dy}{dx}\right)}{\dfrac{dx}{dt}} =$

$\dfrac{te^{t^2}\cos t^2 - te^{t^2}\sin t^2}{2e^{-t^2}} = \dfrac{1}{2}te^{2t^2}(\cos t^2 - \sin t^2)$，$\dfrac{d^2 y}{dx^2}\bigg|_{t=\sqrt{\pi}} = -\dfrac{\sqrt{\pi}}{2}e^{2\pi}$。

3. 解：$\lim\limits_{x \to 0} \dfrac{\sqrt{1+x^2} - \cos 2x}{x^2} = \lim\limits_{x \to 0} \dfrac{\left(\sqrt{1+x^2} - \cos 2x\right)\left(\sqrt{1+x^2} + \cos 2x\right)}{x^2\left(\sqrt{1+x^2} + \cos 2x\right)} =$

$\lim\limits_{x \to 0} \dfrac{1+x^2 - \cos^2 2x}{x^2\left(\sqrt{1+x^2} + \cos 2x\right)} = \lim\limits_{x \to 0} \dfrac{x^2 + \sin^2 2x}{x^2\left(\sqrt{1+x^2} + \cos 2x\right)} = \lim\limits_{x \to 0}\left(\dfrac{x^2}{x^2} + \dfrac{\sin^2 2x}{x^2}\right) \cdot$

$\dfrac{1}{\left(\sqrt{1+x^2} + \cos 2x\right)} = (1+4)\dfrac{1}{2} = \dfrac{5}{2}$。（注：本题也可用洛必达法则求解。）

4. 解：$\lim\limits_{x \to 0}\left(\dfrac{e^x - 1}{x}\right)^{\frac{1}{x}} = \lim\limits_{x \to 0} e^{\ln\left(\frac{e^x-1}{x}\right)^{\frac{1}{x}}} = \lim\limits_{x \to 0} e^{\frac{\ln\left(1+\frac{e^x-1-x}{x}\right)}{x}} = e^{\lim\limits_{x \to 0}\frac{\ln\left(1+\frac{e^x-1-x}{x}\right)}{x}} = e^{\lim\limits_{x \to 0}\frac{e^x-1-x}{x^2}} =$

$e^{\lim\limits_{x \to 0}\frac{e^x-1}{2x}} = e^{\frac{1}{2}}$。（注：分子 $\ln\left(1+\dfrac{e^x-1-x}{x}\right) \sim \dfrac{e^x-1-x}{x}$，$x \to 0$。）

5. 解：$\lim\limits_{x \to 0}\left(\dfrac{1}{\sin^2 x} - \dfrac{1}{x^2}\right) = \lim\limits_{x \to 0} \dfrac{x^2 - \sin^2 x}{x^2 \sin^2 x} = \lim\limits_{x \to 0} \dfrac{x^2 - \sin^2 x}{x^4}$ （分子利用 $\sin^2 x \sim x^2$，

$x \to 0$）$= \lim\limits_{x \to 0} \dfrac{2x - 2\sin x \cos x}{4x^3}$ （用洛必达法则）$= \lim\limits_{x \to 0} \dfrac{2 - 2\cos^2 x + 2\sin^2 x}{12x^2}$ （用洛必达

法则）$= \lim\limits_{x \to 0} \dfrac{4\sin^2 x}{12x^2} = \dfrac{1}{3}$。

6. 解：$\displaystyle\int_1^{+\infty} \dfrac{\ln(1+x)}{x^2} dx = -\int_1^{+\infty} \ln(1+x) d\dfrac{1}{x}$ （分部积分法）$= -\left[\dfrac{\ln(1+x)}{x}\right]_1^{+\infty} +$

$\displaystyle\int_1^{+\infty}\left(\dfrac{1}{x} - \dfrac{1}{1+x}\right)dx = -\left[\dfrac{\ln(1+x)}{x} - \ln x + \ln(1+x)\right]_1^{+\infty} = -\left[\dfrac{\ln(1+x)}{x} + \ln\left(1+\dfrac{1}{x}\right)\right]_1^{+\infty} =$

$-\left(0+0-\ln 2-\ln 2\right)=2\ln 2$。

7. 解：$\displaystyle\int_{-1}^{1}\left(2+x\right)^2\left(1-x^2\right)^{\frac{3}{2}}\mathrm{d}x$ （令 $x=\sin t$, $\mathrm{d}x=\cos t\,\mathrm{d}t$） $=\displaystyle\int_{-\frac{\pi}{2}}^{\frac{\pi}{2}}\left(2+\sin t\right)^2\cdot$

$\cos^3 t\cos t\,\mathrm{d}t=\displaystyle\int_{-\frac{\pi}{2}}^{\frac{\pi}{2}}\left(4\cos^4 t+4\sin t\cos^4 t+\sin^2 t\cos^4 t\right)\mathrm{d}t$ （其中 $4\cos^4 t$，$\sin^2 t\cos^4 t$ 为

偶函数，$4\sin t\cos^4 t$ 为奇函数）$=2\displaystyle\int_{0}^{\frac{\pi}{2}}\left(4+\sin^2 t\right)\cos^4 t\,\mathrm{d}t=2\displaystyle\int_{0}^{\frac{\pi}{2}}\left(5-\cos^2 t\right)\cos^4 t\,\mathrm{d}t=$

$10\displaystyle\int_{0}^{\frac{\pi}{2}}\cos^4 t\,\mathrm{d}t-2\displaystyle\int_{0}^{\frac{\pi}{2}}\cos^6 t\,\mathrm{d}t=10\cdot\frac{3}{4}\cdot\frac{1}{2}\cdot\frac{\pi}{2}-2\cdot\frac{5}{6}\cdot\frac{3}{4}\cdot\frac{1}{2}\cdot\frac{\pi}{2}=\frac{25}{16}\pi$。

8. 解：令

$$f\left(x\right)=\arctan 3x-\ln\left(1+4x\right)$$

可得

$$f'\left(x\right)=\frac{3}{1+9x^2}-\frac{4}{1+4x}=\frac{-36x^2+12x-1}{\left(1+9x^2\right)\left(1+4x\right)}=-\frac{\left(6x-1\right)^2}{\left(1+9x^2\right)\left(1+4x\right)}\leqslant 0$$

其中，仅当 $x=\dfrac{1}{6}$ 时有

$$f'\left(x\right)=0$$

所以，当 $0\leqslant x<+\infty$ 时，$f\left(x\right)$ 严格单调减，且 $f\left(0\right)=0$，则有 $f\left(x\right)\leqslant 0$，即 $\arctan 3x\leqslant\ln\left(1+4x\right)$，仅当 $x=0$ 时成立等号，证毕。

9. 解：当 $\alpha>0$ 时，有

$$\lim_{x\to+\infty}\frac{\ln x}{x^{\alpha}}=0$$

所以，当 n 充分大时，有

$$\frac{\ln n}{n^{\alpha}}<1$$

从而有

$$0<\frac{\ln n}{n^{1+2\alpha}}=\frac{\ln n}{n^{\alpha}}\cdot\frac{1}{n^{1+\alpha}}<\frac{1}{n^{1+\alpha}}$$

因为 $\alpha>0$，所以 $\displaystyle\sum_{n=1}^{\infty}\frac{1}{n^{1+\alpha}}$ 收敛，由比较判别法，可知 $\displaystyle\sum_{n=1}^{\infty}\frac{\ln n}{n^{1+2\alpha}}$ 收敛。

10．解：当 $x=0$ 时，级数 $\displaystyle\sum_{n=0}^{\infty}\frac{\left(-1\right)^n 4^n}{\left(2n+1\right)\left(2n+2\right)}x^{2n+2}$ 收敛；当 $x\neq 0$ 时，

$$\lim_{n\to\infty}\left|\frac{u_{n+1}}{u_n}\right|=\lim_{n\to\infty}\left|\frac{\dfrac{\left(-1\right)^{n+1}4^{n+1}}{\left(2n+3\right)\left(2n+4\right)}x^{2n+4}}{\dfrac{\left(-1\right)^n 4^n}{\left(2n+1\right)\left(2n+2\right)}x^{2n+2}}\right|=4\left|x\right|^2$$，所以，当 $\left|x\right|<\dfrac{1}{2}$ 时，级数绝对收敛，当 $\left|x\right|>\dfrac{1}{2}$

时，级数发散。得收敛半径 $R = \dfrac{1}{2}$，收敛区间为 $\left(-\dfrac{1}{2}, \dfrac{1}{2}\right)$。当 $|x| = \pm \dfrac{1}{2}$ 时，级数绝对收敛，收敛域为 $\left[-\dfrac{1}{2}, \dfrac{1}{2}\right]$。

设

$$s(x) = \sum_{n=1}^{\infty} \frac{(-1)^n 4^n}{(2n+1)(2n+2)} x^{2n+2} \quad x \in \left(-\frac{1}{2}, \frac{1}{2}\right)$$

$$s'(x) = \sum_{n=1}^{\infty} \frac{(-1)^n 4^n}{2n+1} x^{2n+1}$$

$$s''(x) = \sum_{n=0}^{\infty} (-1)^n 4^n x^{2n} = \sum_{n=0}^{\infty} (-4x^2)^n = \frac{1}{1+4x^2} \quad x \in \left(-\frac{1}{2}, \frac{1}{2}\right)$$

则

$$s'(x) = s'(0) + \int_0^x \frac{1}{1+4x^2} dx = \frac{1}{2} \arctan 2x$$

其中

$$s'(0) = 0$$

有

$$s(x) = s(0) + \frac{1}{2}\int_0^x \arctan 2x dx = \frac{1}{2}\left[x \arctan 2x - \frac{1}{4}\ln(1+4x^2)\right]$$

其中

$$s(0) = 0, \quad x \in \left(-\frac{1}{2}, \frac{1}{2}\right)$$

11. 解：$f'(x) = ax^2 - 1$，$f''(x) = 2ax$，令

$$f'(x) = 0$$

得

$$x = \pm\sqrt{\frac{1}{a}}$$

因此，当 $x \in \left(0, \dfrac{1}{a}\right)$ 时，$f''(x) > 0$，曲线向上凹。当 $0 < a < 1$ 时，$x_0 = \sqrt{\dfrac{1}{a}} \in \left(0, \dfrac{1}{a}\right)$，

$f(x_0) = -\dfrac{2}{3}a^{-\frac{1}{2}}$，为最小值；为求最大值，作如下讨论：

由

$$f(0) = 0, \quad f\left(\frac{1}{a}\right) = \frac{1-3a}{3a^2}$$

若 $0 < a < \dfrac{1}{3}$，则 $f\left(\dfrac{1}{a}\right) > 0 = f(0)$，所以 $f\left(\dfrac{1}{a}\right) = \dfrac{1-3a}{3a^2}$ 为最大值；若 $\dfrac{1}{3} \leqslant a < 1$，则

$f\left(\dfrac{1}{a}\right)\leqslant 0=f(0)$，所以 $f(0)=0$ 为最大值；若 $a\geqslant 1$，则 $x_0=\sqrt{\dfrac{1}{a}}\geqslant\dfrac{1}{a}$，$f(x)$ 在 $\left[0,\dfrac{1}{a}\right]$ 内单

调减，所以 $f(0)=0$ 为最大值，$f\left(\dfrac{1}{a}\right)=\dfrac{1-3a}{3a^2}$ 为最小值。

12．解：$V=\pi\displaystyle\int_0^2\left[\left(2-\dfrac{y^2}{2}\right)^2-(2-y)^2\right]\mathrm{d}y=\pi\displaystyle\int_0^2\left(4y-3y^2+\dfrac{y^4}{4}\right)\mathrm{d}y=\dfrac{8}{5}\pi$。

13．证明：构造函数 $F(x)=\begin{cases}f(x), & x\neq x_0\\ 0, & x=x_0\end{cases}$，$G(x)=\begin{cases}g(x), & x\neq x_0\\ 0, & x=x_0\end{cases}$，设

$x\in\overset{0}{\bigcup}(x_0)$，由于 $F(x)$，$G(x)$ 在区间 $[x_0,x]$ 或 $[x,x_0]$ 上满足柯西定理的条件，故有

$$\frac{F(x)-F(x_0)}{G(x)-G(x_0)}=\frac{F'(\xi)}{G'(\xi)}$$

即 $\dfrac{f(x)}{g(x)}=\dfrac{f'(\xi)}{g'(\xi)}$，其中 ξ 介于 x_0 和 x 之间，且当 $x\to x_0$ 时，有 $\xi\to x_0$，所以

$\displaystyle\lim_{x\to x_0}\frac{f(x)}{g(x)}=\lim_{x\to x_0}\frac{f'(\xi)}{g'(\xi)}=\lim_{\xi\to x_0}\frac{f'(\xi)}{g'(\xi)}=\lim_{x\to x_0}\frac{f'(x)}{g'(x)}=A$（或 ∞）。

反例，如 $f(x)=x^2\sin\dfrac{1}{x}$，$g(x)=x$，有 $\displaystyle\lim_{x\to 0}\frac{f(x)}{g(x)}=\lim_{x\to 0}x\sin\dfrac{1}{x}=0$，但 $\displaystyle\lim_{x\to 0}\frac{f'(x)}{g'(x)}=$

$\displaystyle\lim_{x\to 0}\dfrac{2x\sin\dfrac{1}{x}-\cos\dfrac{1}{x}}{1}$ 该极限不存在。

14．证明：$f(x)$ 的定义域为 $(-\infty,+\infty)$，因为 $f(1)=0$，$f\left(\dfrac{3}{2}\right)=\dfrac{1}{4}>0$，$f\left(\dfrac{7}{4}\right)=$

$-\dfrac{\sqrt{2}}{2}+\dfrac{1}{4}+\dfrac{3}{8}\approx-0.707+0.25+0.375=-0.707+0.625<0$，$f(2)=1>0$，所以，方程

$f(x)=0$ 分别在区间 $\left[0,\dfrac{3}{2}\right)$，$\left(\dfrac{3}{2},\dfrac{7}{4}\right)$，$\left(\dfrac{7}{4},2\right)$ 内至少有一个实根，即方程 $f(x)=0$ 在区间

$(-\infty,+\infty)$ 内至少有三个不同的实根。

又因为 $f'(x)=\pi\sin\pi x+6(2x-3)^2+\dfrac{1}{2}$，$f''(x)=\pi^2\cos\pi x+24(2x-3)$，$f'''(x)=$

$-\pi^3\sin\pi x+48>0$，即 $f'''(x)$ 在 $(-\infty,+\infty)$ 内严格单调增，且 $f''(x)$ 只有一个零点 $x=\dfrac{3}{2}$，也

即曲线 $f(x)$ 最多只有一个拐点。所以，方程 $f(x)=0$ 至多有三个不同的实根，所以有结论：

方程 $f(x)=0$ 在区间 $(-\infty,+\infty)$ 正好有三个不同的实根。

《微积分 Ⅰ》期末考试样卷（四）答案

1．解法一：按定义求。

$$f'(1)=\lim_{x\to 1}\frac{f(x)-f(1)}{x-1}=\lim_{x\to 1}\frac{(x-1)(x^2-2)(x^3-3)\cdots(x^{100}-100)}{x-1}=$$

$$\lim_{x\to 1}(x^2-2)(x^3-3)\cdots(x^{100}-100)=(-1)(-2)\cdots(-99)=-(99!)$$

解法二：用公式求。

$$f'(x)=(x-1)'(x^2-2)(x^3-3)\cdots(x^{100}-100)+(x-1)\left[(x^2-2)(x^3-3)\cdots(x^{100}-100)\right]'$$

将 $x=1$ 代入，得

$$f'(1)=(1-2)(1-3)\cdots(1-100)=(-1)(-2)\cdots(-99)=-(-99!)$$

2. 解：$\dfrac{dx}{dt}=3t^2+3$，$\dfrac{dy}{dt}=3t^2-3$，$\dfrac{dy}{dx}=\dfrac{\frac{dy}{dt}}{\frac{dx}{dt}}=\dfrac{3t^2-3}{3t^2+3}=\dfrac{t^2-1}{t^2+1}$，$\dfrac{d^2y}{dx^2}=\dfrac{\frac{d}{dt}\left(\frac{dy}{dx}\right)}{\frac{dx}{dt}}=$

$\dfrac{\frac{4t}{(t^2+1)^2}}{t^2+1}=\dfrac{4t}{(t^2+1)^3}$，令 $\dfrac{d^2y}{dx^2}=0\Leftrightarrow t=0$，当 $t<0$ 时，$\dfrac{d^2y}{dx^2}<0$，曲线向上凸（下凹），当

$t>0$ 时，$\dfrac{d^2y}{dx^2}>0$，曲线向上凹。因为 $\dfrac{dx}{dt}=3t^2+3>0$，$\forall t\in(-\infty,+\infty)$，所以 x 是 t 的严格

单调增函数，当 $t=0$ 时，$x=1$；当 $t<0$ 时，$x<1$；当 $t>0$ 时，$x>1$。所以，当 $-\infty<x<1$

时，曲线向上凸（下凹），当 $1<x<+\infty$ 时，曲线向上凹，点 $(1,1)$ 是拐点。

3. 解：（1）对方程 $x^2=\displaystyle\int_0^{y-x}e^{-t^2}dt$ 两边关于 x 求导数，得

$$2x=e^{-(y-x)^2}(y'-1)$$

因为当 $x=0$ 时，$y=0$，所以 $y'(0)=1$。

（2）对方程 $2x=e^{-(y-x)^2}(y'-1)$ 两边关于 x 求导数，得

$$2=e^{-(y-x)^2}y''+e^{-(y-x)^2}\left[-2(y-x)(y'-1)^2\right]$$

以 $x=0$，$y=0$，$y'(0)=1$ 代入，得

$$y''(0)=2$$

所以，曲率 $k=\dfrac{|y''|}{\left(1+(y')^2\right)^{\frac{3}{2}}}=\dfrac{2}{2\sqrt{2}}=\dfrac{1}{\sqrt{2}}$，曲率半径 $R=\sqrt{2}$。

4. 解法一：$\displaystyle\lim_{x\to 0}\left(\dfrac{1}{x^2}-\dfrac{\cos^2 x}{\sin^2 x}\right)=\lim_{x\to 0}\dfrac{\sin^2 x-x^2\cos^2 x}{x^2\sin^2 x}=\lim_{x\to 0}\left(\dfrac{\sin^2 x-x^2\cos^2 x}{x^4}\right)$ （分

子利用 $\sin^2 x\sim x^2,x\to 0$）$=\displaystyle\lim_{x\to 0}\dfrac{\sin 2x-2x\cos^2 x+x^2\sin 2x}{4x^3}$ （一次洛必达法则）$=$

$$\lim_{x\to 0}\frac{2\cos 2x-2\cos^2 x+2x\sin 2x+2x\sin 2x+2x^2\cos 2x}{12x^2}\quad（二次洛必达法则）=$$

$$\lim_{x\to 0}\frac{-4\sin 2x+4\sin 2x+8x\cos 2x+2\sin 2x+4x\cos 2x-4x^2\sin 2x}{24x}\quad（三次洛必达法则）$$

$$=\lim_{x\to 0}\left(\frac{1}{2}\cos 2x+\frac{\sin 2x}{12x}-\frac{4x\sin 2x}{6}\right)=\frac{1}{2}+\frac{1}{6}=\frac{2}{3}。$$

解法二：利用带佩亚诺余项的泰勒公式：有

$$\sin^2 x=\left[x-\frac{1}{6}x^3+o\left(x^3\right)\right]^2=x^2-\frac{1}{3}x^4+o_1\left(x^4\right)$$

$$x^2\cos^2 x=x^2\left[1-\frac{1}{2}x^2+o\left(x^2\right)\right]^2=x^2-x^4+o_2\left(x^4\right)$$

则

$$\lim_{x\to 0}\left(\frac{1}{x^2}-\frac{\cos^2 x}{\sin^2 x}\right)=\lim_{x\to 0}\frac{\sin^2 x-x^2\cos^2 x}{x^2\sin^2 x}=\lim_{x\to 0}\left(\frac{\sin^2 x-x^2\cos^2 x}{x^4}\right)=$$

$$\lim_{x\to 0}\frac{x^2-\dfrac{1}{3}x^4+o_1\left(x^4\right)-x^2+x^4-o_2\left(x^4\right)}{x^4}=\lim_{x\to 0}\frac{\dfrac{2}{3}x^4+o\left(x^4\right)}{x^4}=\frac{2}{3}$$

5. 解：$f\left(x\right)=\lim_{n\to\infty}\dfrac{x^{2n+1}+\left(a-1\right)x^n+1}{x^{2n}-ax^n+1}=\begin{cases}1,&0<x<1\\\dfrac{a+1}{2-a},&\left(a\neq 2\right),x=1\\x,&x>1\end{cases}$，由 $f\left(x\right)$ 表达式知，

$f\left(x\right)$ 在区间 $\left(0,1\right)$，$\left(1,+\infty\right)$ 上连续，$f\left(x\right)$ 在 $x=1$ 连续的充要条件是 $f\left(1^-\right)=f\left(1^+\right)$，即

$1=\dfrac{a+1}{2-a}$，得 $a=\dfrac{1}{2}$。

所以，仅当 $a=\dfrac{1}{2}$ 时，$f\left(x\right)$ 在区间 $\left(0,+\infty\right)$ 上连续。

6. 解：（1）因为 $\lim_{x\to 0}y=\lim_{x\to 0}\left(\dfrac{1}{x}+\dfrac{x}{1-e^x}\right)=\infty$，所以 $x=0$ 是一条垂直渐近线；

（2）因为 $\lim_{x\to +\infty}y=\lim_{x\to +\infty}\left(\dfrac{1}{x}+\dfrac{x}{1-e^x}\right)=0$，所以 $y=0$ 是一条沿 $x\to +\infty$ 方向的水平渐近线；

（3）因为 $\lim_{x\to -\infty}\dfrac{y}{x}=\lim_{x\to -\infty}\left(\dfrac{1}{x^2}+\dfrac{1}{1-e^x}\right)=1$，$\lim_{x\to -\infty}\left(y-x\right)=\lim_{x\to -\infty}\left(\dfrac{1}{x}+\dfrac{x}{1-e^x}-x\right)=$

$\lim_{x\to -\infty}\left(\dfrac{1}{x}+\dfrac{xe^x}{1-e^x}\right)=0$，所以 $y=x$ 是一条沿 $x\to -\infty$ 方向的斜渐近线；

总之，共有三条渐近线，分别是 $x=0$，$y=0$，$y=x$。

7. $\displaystyle\int_{-2}^{2}\left(x-1\right)^2\sqrt{4-x^2}\,\mathrm{d}x=\int_{-2}^{2}\left(x^2-2x+1\right)\sqrt{4-x^2}\,\mathrm{d}x$（其中，因为 $2x\sqrt{4-x^2}$ 是奇函数，

所以 $-\int_{-2}^{2} 2x\sqrt{4-x^2}\mathrm{d}x = 0$ ） $= 2\int_{0}^{2}\left(x^2+1\right)\sqrt{4-x^2}\mathrm{d}x$ （令 $x=2\sin t$ ， $\mathrm{d}x = 2\cos t$ ） $=$

$32\int_{0}^{\frac{\pi}{2}}\sin^2 t\cos^2 t\mathrm{d}t + 8\int_{0}^{\frac{\pi}{2}}\cos^2 t\mathrm{d}t = 40\int_{0}^{\frac{\pi}{2}}\cos^2 t\mathrm{d}t - 32\int_{0}^{\frac{\pi}{2}}\sin^4 t\mathrm{d}t = 40\cdot\frac{1}{2}\cdot\frac{\pi}{2} - 32\cdot\frac{3}{4}\cdot\frac{1}{2}\cdot\frac{\pi}{2} =$

$10\pi - 6\pi = 4\pi$ 。

8．解：用分部积分法。

$\int_{1}^{+\infty}\frac{\arctan x}{x^3}\mathrm{d}x = -\frac{1}{2}\int_{1}^{+\infty}\arctan x\mathrm{d}\left(\frac{1}{x^2}\right) = -\frac{1}{2}\left[\left.\frac{\arctan x}{x^2}\right|_{1}^{+\infty} - \int_{1}^{+\infty}\frac{1}{x^2\left(1+x^2\right)}\mathrm{d}x\right] =$

$-\frac{1}{2}\left[-\frac{\pi}{4} - \int_{1}^{+\infty}\left(\frac{1}{x^2} - \frac{1}{1+x^2}\right)\mathrm{d}x\right] = \frac{\pi}{8} - \left.\frac{1}{2x}\right|_{1}^{+\infty} - \left.\frac{1}{2}\arctan x\right|_{1}^{+\infty} = \frac{\pi}{8} + \frac{1}{2} - \frac{\pi}{4} + \frac{\pi}{8} = \frac{1}{2}$ 。

9．解：因为 $a_n = \int_{0}^{\frac{1}{n}}\sqrt{a+x^n}\mathrm{d}x$ ，所以有 $a_n > a_{n+1}\left(n=1,2,\cdots\right)$ ，即 $\{a_n\}$ 单调减。又因为

$\lim_{n\to\infty}a_n = \lim_{n\to\infty}\int_{0}^{\frac{1}{n}}\sqrt{a+x^n}\mathrm{d}x = 0$ ，所以 $\sum_{n=1}^{\infty}\left(-1\right)^n a_n$ 收敛（莱布尼茨定理）；因为

$a_n = \int_{0}^{\frac{1}{n}}\sqrt{a+x^n}\mathrm{d}x > \int_{0}^{\frac{1}{n}}\sqrt{a}\mathrm{d}x = \frac{\sqrt{a}}{n}$ ， $\sum_{n=1}^{\infty}\frac{\sqrt{a}}{n}$ 发散，所以 $\sum_{n=1}^{\infty}\left|\left(-1\right)^n a_n\right| = \sum_{n=1}^{\infty}a_n$ 发散，所以

$\sum_{n=1}^{\infty}\left(-1\right)^n a_n$ 条件收敛。

10．解： $f(0) = \lim_{x\to 0}f(x) = \lim_{x\to 0}\left(1+\sin 2x\right)^{\frac{1}{x}} = \lim_{x\to 0}\left(1+\sin 2x\right)^{\frac{1}{\sin 2x}\cdot\frac{\sin 2x}{x}} = \mathrm{e}^2$ ，则

$$f'(0) = \lim_{x\to 0}\frac{f(x)-f(0)}{x-0} = \lim_{x\to 0}f'(x) =$$

$$\lim_{x\to 0}\left(1+\sin 2x\right)^{\frac{1}{x}}\left[\frac{2\cos 2x}{x\left(1+\sin 2x\right)} - \frac{\ln\left(1+\sin 2x\right)}{x^2}\right] =$$

$$\lim_{x\to 0}\left(1+\sin 2x\right)^{\frac{1}{x}}\lim_{x\to 0}\left[\frac{\dfrac{2\cos 2x}{1+\sin 2x} - \ln\left(1+\sin 2x\right)}{x^2}\right] =$$

$$\mathrm{e}^2\lim_{x\to 0}\frac{2x\cos 2x - \left(1+\sin 2x\right)\ln\left(1+\sin 2x\right)}{x^2}\cdot\frac{1}{1+\sin 2x} =$$

$$\mathrm{e}^2\lim_{x\to 0}\frac{2x\cos 2x - 4x\sin 2x - 2\cos 2x\ln\left(1+\sin 2x\right) - 2\cos 2x}{2x} =$$

$$\mathrm{e}^2\lim_{x\to 0}\frac{-4x\sin 2x - 2\cos 2x\ln\left(1+\sin 2x\right)}{2x} =$$

$$\mathrm{e}^2\lim_{x\to 0}\left(-2\sin 2x - 2\cos 2x\ln\left(1+\sin 2x\right)^{\frac{1}{2x}}\right) = -2\mathrm{e}^2$$

所以，切线方程： $y - \mathrm{e}^2 = -2\mathrm{e}^2 x$ 。

11．体积 $V = V_0 - V_1$ ，其中

$$V_0 = \pi(2a)^2 \cdot 2\pi a = 8\pi^2 a^3$$

$$V_1 = \pi \int_0^{2\pi a} (2a - y)^2 \, dx = \pi a^3 \int_0^{2\pi} (1 + \cos t)^2 (1 - \cos t) \, dt =$$

$$\pi a^3 \int_0^{2\pi} (1 + \cos t - \cos^2 t + \cos^3 t) \, dt = \pi a^3 \int_0^{2\pi} (1 - \cos^2 t) \, dt = \pi a^3 \left(2\pi - 4\int_0^{\frac{\pi}{2}} \cos^2 t \, dt \right) =$$

$$\pi a^3 \left(2\pi - 4 \cdot \frac{1}{2} \cdot \frac{\pi}{2} \right) = \pi^2 a^3$$

12．因为 $\displaystyle\lim_{n \to +\infty} \left| \frac{u_{n+1}(x)}{u_n(x)} \right| = \lim_{n \to +\infty} \left| \dfrac{\dfrac{4(n+1)^2 + 4(n+1) + 3}{2(n+1)+1} x^{2n+2}}{\dfrac{4n^2 + 4n + 3}{2n+1} x^{2n}} \right| = |x|^2$，当 $|x| < 1$ 时，即当

$-1 < x < 1$ 时，级数绝对收敛；当 $|x| > 1$ 时，通项不趋于零，级数发散；当 $x = \pm 1$ 时，原级数

通项的极限 $\displaystyle\lim_{n \to \infty} \frac{4n^2 + 4n + 3}{2n+1} = \infty$，级数发散；所以，收敛半径 $R = 1$，收敛区间为 $(-1,1)$，收

敛域为 $(-1,1)$。

设

$$s(x) = \sum_{n=0}^{\infty} \frac{4n^2 + 4n + 3}{2n+1} x^{2n} = \sum_{n=0}^{\infty} (2n+1) x^{2n} + \sum_{n=0}^{\infty} \frac{2}{2n+1} x^{2n} = s_1(x) + s_2(x) \quad x \in$$
$$(-1,1)$$

其中

$$s_1(x) = \sum_{n=0}^{\infty} (2n+1) x^{2n} = \left(\sum_{n=0}^{\infty} \int_0^x (2n+1) x^{2n} \, dx \right)' = \left(\sum_{n=0}^{\infty} x^{2n+1} \right)' = \left(\frac{x}{1-x^2} \right)' = \frac{1+x^2}{(1-x^2)^2}$$
$$x \in (-1,1)$$

（利用 $\displaystyle\sum_{n=0}^{\infty} x^n = \frac{1}{1-x}$，$\displaystyle\sum_{n=0}^{\infty} x^{2n} = \frac{1}{1-x^2}$，$x \in (-1,1)$）

$$x s_2(x) = \sum_{n=0}^{\infty} \frac{2}{2n+1} x^{2n+1} = 2\int_0^x \sum_{n=0}^{\infty} \left(\frac{2}{2n+1} x^{2n+1} \right)' dx = 2\int_0^x \sum_{n=0}^{\infty} x^{2n} \, dx = 2\int_0^x \frac{1}{1-x^2} \, dx =$$
$$\ln \frac{1+x}{1-x} \quad x \in (-1,1)$$

则

$$s_2(x) = \frac{1}{x} \ln \frac{1+x}{1-x}, \quad x \in (-1,1), \quad x \neq 0$$

且

$$s(0) = 3$$

综合有

$$s(x) = \begin{cases} \dfrac{1+x^2}{\left(1-x^2\right)^2} + \dfrac{1}{x}\ln\dfrac{1+x}{1-x}, & x \in (-1,1), x \neq 0 \\ 3, & x = 0 \end{cases}$$

13. 证明：（1）设 $f(x) = \sqrt{x}$，由拉格朗日中值定理，有

$$\sqrt{x+1} - \sqrt{x} = \frac{1}{2\sqrt{\xi}}, x < \xi < x+1, x \geqslant 0$$

令 $\eta = \xi - x$，得 $\sqrt{x+1} - \sqrt{x} = \dfrac{1}{2\sqrt{x+\eta}}$，$0 < \eta < 1$。

（2）由（1）有 $\sqrt{x+1} + \sqrt{x} = 2\sqrt{x+\eta}$，从而解得

$$\eta = \eta(x) = \frac{1}{4} + \frac{1}{2}\left(\sqrt{x(x+1)} - x\right)$$

又

$$\lim_{x \to +\infty} \eta(x) = \frac{1}{4} + \frac{1}{2}\lim_{x \to +\infty}\left(\sqrt{x(x+1)} - x\right) = \frac{1}{4} + \frac{1}{2}\lim_{x \to +\infty}\frac{x}{\sqrt{x(x+1)} + x} = \frac{1}{4} + \frac{1}{2}\cdot\frac{1}{2} = \frac{1}{2}$$

$$\lim_{x \to 0^+} \eta(x) = \frac{1}{4}$$

又因为

$$\eta'(x) = \frac{1}{2}\left[\frac{2x+1}{2\sqrt{x(x+1)}} - 1\right] = \frac{1}{2}\left(\sqrt{\frac{4x^2+4x+1}{4x^2+4x}} - 1\right) > 0$$

得 $\eta(x)$ 严格单调递增，故 $\eta(x)$ 的值为 $\left(\dfrac{1}{4}, \dfrac{1}{2}\right)$。

14. 证明：（1）$\displaystyle\int_0^{2\pi} \frac{\sin x}{x}dx = \int_0^{\pi} \frac{\sin x}{x}dx + \int_{\pi}^{2\pi} \frac{\sin x}{x}dx = \int_0^{\pi} \frac{\sin x}{x}dx + \int_0^{\pi} \frac{\sin(t+\pi)}{t+\pi}dt = $

$\displaystyle\int_0^{\pi}\left(\frac{1}{x} - \frac{1}{x+\pi}\right)\sin x\, dx = \int_0^{\pi} \frac{\pi\sin x}{x(x+\pi)}dx > 0$，证毕。

（2）由（1），$\displaystyle\int_0^{2\pi} \frac{\sin x}{x}dx = \int_0^{\pi} \frac{\pi\sin x}{x(x+\pi)}dx > \int_{\alpha}^{\pi-\alpha} \frac{\pi\sin x}{x(x+\pi)}dx > \int_{\alpha}^{\pi-\alpha} \frac{\pi\sin\alpha}{x(x+\pi)}dx$，证毕。